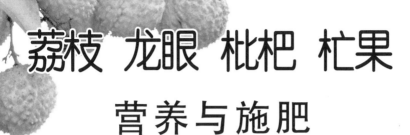

荔枝 龙眼 枇杷 杧果
营养与施肥

庄伊美 主编

U0238539

中国农业出版社

主　编　庄伊美

编　委　庄伊美　施　清　袁　韬　蔡建兴

　　　　谢文龙　谢志南　蒋际谋　王仁玑

前　言

　　果树营养研究和施肥技术的不断发展，已成为推进我国果树产业现代化极其重要的环节。作者于 20 世纪 90 年代主持编撰了国内首部涉及柑橘营养原理与施肥技术方面较为全面、系统的专著——《柑橘营养与施肥》。此书的出版，为促进国内柑橘营养研究及营养诊断、指导施肥提供了必要的理论与实践依据，亦为促进我国柑橘产业的高效发展起到了应有的作用。

　　就我国亚热带木本果树而言，荔枝、龙眼、枇杷、杧果的总面积及总产量仅次于名列首位的柑橘类果树，故在我国亚热带果业上的地位是不言而喻的。为此，推进上述果树的现代化生产，对促进我国亚热带果业的发展亦具有特别重要的作用。鉴于上述果树在营养与施肥研究进展方面仍有逊于柑橘类果树的状况，同时考虑到国内尚罕见上述果树营养与施肥领域的专著，为改善此种局面，近年来，我们着力收集相关资料，并立足于其产业的现状，整理编写了本书。

　　本书按树种分别列章，各章的内容包括树种营养特性、营养诊断、合理施肥及营养失调矫治等。其中第一章"荔枝营养与施肥"，曾在专著《荔枝学》（中国农业出版社，2008 年出版）刊出；书末的附文《亚热带果园土壤改良及平衡施肥》，系余在中国—东盟亚热带现代农业技术发展论坛上的报告［发表于《福建果树》2011 年第 1 期］，考虑到此文对我国亚热带、热带地区果园土壤改良熟化及营养诊断、指导施肥具有概括性的实践指导价值，故特予提供以便于读者参考。

本书的出版，承蒙国家荔枝龙眼产业技术体系（CARS-33-17 及 CARS-33-18）及中国农业出版社的大力支持和帮助，在此深表谢意。限于作者水平和能力，书中粗疏、错误之处，祈望诸位指正。

庄伊美

2015 年 2 月于厦门

目 录

第一章

荔枝营养与施肥

第一节　荔枝的营养特性

一、与营养有关的生长发育特性

（一）树体生命周期长，对土壤适应性较强

荔枝是著名的长寿亚热带果树，其树龄达数百年的不为罕见，逾千年的古荔枝树当推福建莆田的一株'宋香'荔枝（树龄 1 200 余年）。通常，荔枝的经济寿命为数十至上百年。在整个生命周期中经历不同时期，即生长、结果、盛果、衰老和更新阶段，这些阶段具有不同的营养特点。

荔枝对土壤适应性较强，除部分种植在平地或冲积地外，大多分布在低缓丘陵地，其对丘陵地土壤的适应性颇强；然而，实践表明，土壤生态条件的优劣明显影响其生产性能，故改良熟化园地土壤对荔枝的生长和结果关系密切。

（二）生长期长，挂果期较短，不同物候期对营养需求有所差异

荔枝属常绿大型乔木，周年多次抽梢和生长根系，但挂果期仅3～4 个月，故有利于树体养分的积累。亚热带气候的季节性变化，也影响到荔枝不同物候期对养分的需求。

（三）营养生长与生殖生长较易失调

与其他高产稳产的果树相比，荔枝属较低产且大小年结果现象较为严重的树种。除生物学及气候因素外，与生产上普遍存在的管

理较为粗放有关，特别是忽视园地土壤的定向培肥。许多研究指出（庄伊美，1991），加强土壤培肥管理，不仅促进其根系生长，增强树势，保持植株营养枝与结果枝数量上的相对平衡，而且改善树体营养状况，对提高果树产量及品质有明显作用。

荔枝花芽形态分化于冬末春初，其花型特殊，主要有雄花、雌花两种，且花量甚多，单一花序的花朵数以百计甚至上千，故消耗养分量亦大。据广西南宁观察（吴仁山等，1986），十九年生'禾荔'品种，平均每株形成雌、雄花需氮（N）549.2g、磷（P_2O_5）150.8g、钾（K_2O）422.6g。在培肥管理正常的条件下，树势和结果母枝壮实者，雌花比例增高，坐果率和产量均提高。

（四）根系深广，且具菌根

成年植株根系深达 2～4m 或以上，水平根扩展为树冠的 1～2倍；大部分吸收根分布在 10～100cm 土层范围内，并以 50cm 以内为多。荔枝根系具内生菌根，这些菌根有利于对矿质营养和水分的吸收，特别是磷素等，且可在土壤水分胁迫时，增强根系吸水能力，因此，对提高荔枝树体抗逆性有一定的作用。

二、荔枝生长发育所需营养元素及其功能

荔枝植株生长发育所必需的 16 种元素称为必要元素。在这些元素中，除碳（C）、氢（H）、氧（O）来自水和空气外，其余的13 种元素，即大量元素氮（N）、磷（P）、钾（K）、钙（Ca）、镁（Mg）、硫（S），以及微量元素硼（B）、锌（Zn）、铁（Fe）、铜（Cu）、锰（Mn）、钼（Mo）、氯（Cl），是从土壤中吸收的。

（一）氮

氮素是构成生命物质的重要元素，亦是影响植株代谢活动和生长结果很重要的元素，它是氨基酸、酶、辅酶、核酸、磷脂、叶绿素、植物激素、维生素等的重要成分。植株中的大量氮素以有机态存在，在根部有极少量的铵态氮和硝态氮。荔枝新梢和花朵含氮量最多，故抽梢及花、果发育消耗较多的氮。植株在秋冬能积累较多

的氮供来年春季抽梢及开花之需。荔枝需氮量较大，氮素充足则根系和枝叶生长健壮，叶色浓绿，开花结果正常，产量高，品质好。缺氮时，老叶变黄，果实变小；严重时，叶缘扭曲，叶小，提早落叶，影响开花坐果。Menzel（1994）指出，土壤缺氮时，叶片长势差，花序、叶片和枝梢含氮量低，叶绿素含量少，二氧化碳（CO_2）同化率及坐果率皆降低。氮素过量时，枝梢抽生过多，甚至徒长，花芽分化受阻，雌、雄花比例失调，影响开花、结果及品质。Menzel（1988）报道，当叶片含氮量超过 1.85% 时，容易造成冲梢。因此，在花序萌发前，应将含氮量控制在 1.75%～1.85% 或以下，以减少营养生长。肖华山（2002）对荔枝雌、雄蕊不同发育时期碳氮比（C/N）分析表明，C/N 较大时有利于雄蕊发育，而雌蕊的发育则相反。戴良昭等（1998）对二十二年生'兰竹'荔枝施氮结果表明，在株施尿素 0.25～0.80kg 时，雌花比例随施氮量增加而升高。

（二）磷

磷亦是构成生命物质的关键性元素之一，是磷脂和核酸的必要成分，亦是许多辅酶的组分；磷在光合作用、呼吸作用中起重要作用，在氮素代谢过程中亦不可缺少；同时，磷还是构成三磷酸腺苷（ATP）的重要成分，ATP 是生命活动的直接能源。荔枝花器、种子以及新梢、新根生长活跃部位集聚较多量的磷。适量供磷可促进根系、新梢生长及花芽分化，提高坐果率和产量。据戴良昭（1999）报道，'兰竹'荔枝不同物候期的叶片磷含量与产量的相关性只有在开花期呈显著正相关（$r=0.785$，$P<0.05$），开花期的叶片含磷量高，产量亦高，其余物候期的叶片含磷量与产量的相关性均不显著。荔枝缺磷，根系生长不良，新梢细弱，叶片呈棕褐色，叶尖及叶缘干枯，花芽形成受阻，产量、品质下降。

（三）钾

钾是荔枝正常生理活动的必要条件。它参与物质运转，调节水分代谢；是多种酶的活化剂，在碳水化合物、蛋白质、核酸等的代谢过程中起重要作用。在荔枝植株中，钾以离子状态存在，且具有高度移动性，其芽、嫩叶、根尖等富含钾，故与细胞分裂、生长关系密切；荔枝花、果含钾量高，综合分析表明，荔枝花器含钾量比叶片高 53.4%～178.1%，而果实含钾量比叶片高 1.5～2 倍。因此，钾是决定荔枝果实产量与品质的重要元素。适量供钾能促进植株的同化作用，使枝梢生长和树势正常，坐果增加，果实增大，并提高植株的抗逆性。据 Roy 等（1984）报道，'孟买'品种采果时，叶片含钾量与产量之间呈显著正相关（$r=0.41～0.43$，$P<0.05$）。邓义才等（2002）报道，荔枝果实含钾量与果实横径呈极显著正相关；施钾提高叶片碳水化合物积累（主要是淀粉），增加叶绿素含量，促进叶片光合作用。荔枝缺钾时，叶片褪绿，枯斑先在叶尖出现，然后向叶缘及叶基发展，叶片提早脱落，开花、结果减少；严重缺钾时，植株矮小，根系发育受阻，甚至导致植株死亡。

（四）钙

钙是构成细胞壁中胶层的重要成分；能维持染色体和膜的结构；是分生组织继续生长所必需的，缺钙则细胞分裂受阻；钙又是许多种酶和辅酶的活化剂；它还能促进光合产物运转，防止金属离子毒害，延缓植株衰老；此外，钙还能调节土壤酸度，改善土壤性状。植株吸收钙素较多，且大部分存在叶内，因钙在体内不易移动，故老叶等部位含钙量高。据分析，荔枝老叶比成熟叶及嫩叶的含钙量高 1～4 倍。荔枝缺钙时，叶片小，叶缘枯死，叶片脱落，根系发育较差，坐果少，产量低，易出现裂果，且品质下降。李建国（2002）的研究表明，严重裂果的荔枝园土壤交换性钙含量以及叶片、果皮钙含量均显著低于裂果较轻的果园，同时证实荔枝裂果率与叶片含钙量呈显著负相关（$r=-0.832\,5$，$P<0.05$）。

（五）镁

镁是构成叶绿素的核心成分，它与植株同化作用有关，又是多种酶的活化剂，且能维持核糖体和原生质膜的结构。镁还能参与三磷酸腺苷、卵磷脂、核蛋白等含磷化合物的生物合成。荔枝缺镁时，叶片小，叶脉间斑枯，叶片脱落，根系生长较差，花果发育不良。由于钾、钙、镁之间多呈现颉颃作用，因此，许多荔枝园过量施钾引起的植株缺镁较为常见。

（六）硫

硫是胱氨酸、半胱氨酸和蛋氨酸等氨基酸的成分。植株的呼吸作用、细胞内的氧化还原过程均与硫的关系密切。硫还构成辅酶A的官能基（－SH），参与氨基酸、脂肪、碳水化合物的合成和转化。植株以硫酸根离子在体内移动，然后形成含硫氨基酸，进而合成蛋白质。因此，硫易集聚在蛋白质合成旺盛的器官（如新叶、新根）。缺硫时，会影响氮的代谢，蛋白质合成受阻，新根、新叶生长不良，从而影响开花结果。

（七）锌

锌与色氨酸的形成关系密切，而色氨酸又是合成吲哚乙酸所必需的，故锌对植株的生长发育有明显作用。锌与RNA代谢有密切关系，可通过RNA代谢影响蛋白质的合成。锌与碳酸酐酶活性有关，对光合作用有一定的影响。此外，锌还是脱氢酶、己糖激酶、黄素激酶等的活化剂。缺锌时，叶绿体受损，叶片斑驳，叶片变小，呈青铜色，果实小，产量下降。

（八）硼

硼参与植株中糖的运转和代谢。它存在于细胞膜或其他膜结构中，可促进糖的运转；硼可提高尿苷二磷酸葡糖焦磷酸化酶活性，从而促进蔗糖及果胶等多糖的合成；并可作葡萄糖代谢中的调节剂。它有助于叶绿素的形成、光合作用的进行以及输导组织的正常发育，明显影响分生组织的活动，与生长和细胞分裂关系密切，并明显影响花果、种子的发育，对花粉萌发、受精、坐果有重要作用。许多研究均证实，硼处理可促进荔枝花粉萌发，花粉管生长，并有利于受粉，提高坐果率。

（九）铁

铁是叶绿体蛋白合成的必要元素，是形成叶绿素所必需的。铁蛋白在电子传递与氧化还原反应中起重要作用。铁参与酶的活动，是细胞色素、接触酶、过氧化物酶等含铁酶的组分，与植株的氧化还原、呼吸、光合作用以及氮素代谢有重要关系。此外，树体缺铁会导致脱氧核糖核酸含量降低和氨基酸代谢失调。土壤过量施用石灰或过磷酸盐，会导致植株缺铁。缺铁时，幼叶黄化，严重时老叶变黄，甚至枝条枯死。

（十）锰

叶绿体含有较多的锰，它直接参与光合作用的光反应过程。锰是树体内重要的氧化还原剂，控制着氧化还原体系；亦是数种酶的活化剂（如己糖磷酸酶、烯醇化酶、异柠檬酸脱氢酶、α-酮戊二酸脱氢酶、柠檬酸合成酶、硝酸还原酶等），故与植株呼吸作用有密切关系，与硝酸还原作用亦有一定关系。缺锰会影响叶绿素的形成，使叶片出现失绿，严重时发生落叶。锰过量亦会造成叶片失绿，甚至落叶。通常，果园土壤酸化是引起锰过量的重要因素；然而，庄伊美等（1994）在调查分析福建荔枝主产区土壤锰素状况时发现，该区土壤代换态锰含量多数偏低（平均 2.4mg/kg），易还原锰含量亦低（平均 50.1mg/kg），此与闽南土壤母质以花岗岩为主以及土壤淋失、管理失调等有关。因此，酸性红壤荔枝园的缺锰问题应引起重视。

（十一）铜

铜是树体多种氧化酶的成分，铜酶系统是植物呼吸作用末端氧化过程中复杂的氧化酶系统之一，它参与呼吸作用。植株的含铜蛋白在光合作用过程中起电子传递作用。铜与叶绿素生成有一定关系。此外，铜对氮素代谢亦有影响。缺铜时，叶绿素形成受阻，叶片卷曲，发黄，严重时枝条死亡。据庄伊美等（1994）报道，福建南部大部分荔枝园土壤有效铜含量处于低水平（平均 1.3mg/kg），似与成土母质含铜量低、土壤淋失明显有关。

（十二）钼

钼是构成硝酸还原酶的成分，能促进硝酸还原成氨，有利于氨基酸和蛋白质的合成。钼还会影响植株中抗坏血酸的含量，且与磷素代谢有密切关系。此外，钼与叶绿素含量、吲哚乙酸氧化酶的形成有一定关系。缺钼会引起树体硝态氮过多积累而受害，并减少抗坏血酸含量，减弱呼吸作用，树体抗逆性下降。

（十三）氯

氯在光合的放氧过程中是必需的，是光合作用中水分子分裂反应的一种酶的活化剂。根据氯对希尔反应的影响，确定氯的作用点在光体系Ⅱ上，它作用于光体系Ⅱ的氧化一侧，接近水裂解的一端。氯亦与气孔开张有关。氯对养分吸收起促进和调节作用。

三、荔枝树体的矿质营养成分

（一）树体矿质营养的分布

Menzel 等（1992）对 8 株六年生'Bengal'荔枝树连根拔起进行解体测定，将植株分成 9 个部位分析矿质营养的成分。结果表明：

1. 营养器官的干重 树体总干重（不含果实）约 30kg。各部位的相对干重顺序为：叶片＞小枝＞中枝≫大根≥大枝＞细枝≥树干＞中根＞小根。地上部约占树体总干重的 90%。

2. 营养器官的养分含量 养分主要集中在叶片（占总量的40%～60%），而细枝（直径＞1cm）占 5%～15%，小枝（直径1～3cm）占 15%～20%，中枝（直径 3～5cm）占 5%～10%；其他器官占 2%～5%及以下。

3. 不同营养器官与叶片养分浓度之间的相关性 细枝和小枝的养分浓度与叶片养分浓度一般都存在显著的相关性（表 1-1），只有 P、Cu 例外。而 Mg 和 Cl，只有细枝与叶片之间显著相关，大多数养分在其他器官与叶片之间的相关性较差。

表 1-1 'Bengal'荔枝不同营养器官与叶片间养分浓度的相关性（r）

养分	细枝	小枝	中枝	大枝	树干	大根	中根	小根
N	0.98**	0.96**	0.49	0.42	0.59	0.85**	0.79**	0.93**
P	0.42	0.13	−0.41	−0.59	−0.05	0.18	0.31	0.24

（续）

养分	细枝	小枝	中枝	大枝	树干	大根	中根	小根
K	0.85**	0.92**	0.29	−0.07	0.57	0.37	0.91**	0.67
Ca	0.98**	0.95**	0.76*	0.76*	0.11	0.15	0.93**	−0.59
Mg	0.88*	0.57	0.64	0.74*	0.37	0.10	−0.14	0.22
Mn	0.78*	0.74*	0.25	0.82*	0.62	−0.13	0.60	0.53
Zn	0.87*	0.98**	0.80*	0.12	0.07	0.18	0.85**	0.77**
Cu	0.27	0.07	0.61	0.32	−0.67	−0.88**	0.27	−0.16
B	0.91*	0.79*	0.48	0.74*	0.65	0.17	0.97**	0.88**
Cl	0.81*	0.36	−0.18	0.01	−0.30	−0.49	−0.57	0.33
S	0.96**	0.93**	0.65	0.70	0.41	0.90**	0.69	−0.11

注：* 表示 $P<0.05$；** 表示 $P<0.01$，$n=8$；小枝中的 N，细枝、小枝和中根的 Ca，细枝的 Mg，细枝和中根的 B 浓度与叶片浓度的关系是二次函数关系，其余是线性关系。

4. 树体养分总量 营养器官中养分总量的相对顺序：N＞Ca＞K＞Mg＞P＞Cl≥S＞Mn≥Cu＞Zn≥B；果实（平均株产 50kg±8.5kg）养分含量的相对顺序：K＞N＞P＞Mg＞Ca＞Cl＞Cu≥Zn≥Mn＞B（表 1-2）。果实中 P、K 和 Zn 的含量为开花前树体养分总量的 67%～100%，N、Cu 和 B 为 33%～50%，Ca、Mg、Mn 和 Cl＜25%。

表 1-2　'Bengal'荔枝果实养分含量及其占营养器官养分含量比例

养分	果实中养分平均浓度（±SE）	养分含量（g/株）		果实养分含量占现花时营养器官养分含量的比例（%）
		营养器官	果实	
N	0.85%（0.01）	224	98	43.8
P	0.19%（0.01）	33	22	66.7
K	1.04%（0.03）	135	120	88.9
Ca	0.10%（0.01）	162	12	7.4
Mg	0.18%（0.01）	85	21	24.7

（续）

养分	果实中养分平均浓度（±SE）	养分含量（g/株）		果实养分含量占现花时营养器官养分含量的比例（%）
		营养器官	果实	
Mn	29.2mg/kg（3.0）	1.6	0.3	18.8
Zn	33.7mg/kg（2.1）	0.4	0.4	100.0
Cu	36.2mg/kg（4.3）	1.2	0.4	33.3
B	14.7mg/kg（0.4）	0.4	0.2	50.0
Cl	0.01%	28.0	0.6	2.1
S	未测定	27.0	未测定	

注：据 Smith（1952），营养器官在初现花之后采样，果实在收获时采样，平均产量（±SE）为（50±8.5）kg/株（干物质每株 11.5kg±1.9kg），数据为 6 或 8 株树平均值。

（二）根系矿质营养成分

在荔枝的生命周期中，吸收根不断吸收土壤养分和水分，但是吸收根的矿质养分含量却较低（表 1-3）（倪耀源等，1990），尤其在 2～6 月花器发育至果实发育期间，为一年中营养元素含量的最低水平。此种现象与冬季低温干旱，吸收能力低，而春季储藏的养分又运往地上部供应抽梢、开花、结果之需有关。

表 1-3 荔枝吸收根三要素含量（占干重）

品种	取样日期（年.月.日）	取样株数	N（%）	P（%）	K（%）
'三月红'	1985.01.28	18	0.968	0.062	0.325
	1985.03.02	18	0.663	0.032	0.206
'糯米糍'	1987.02.12	9	0.659	0.063	0.223
	1987.06.05	2	0.595	0.045	0.245
	1987.07.02	8	0.894	0.149	0.389
	1987.09.17	2	0.895	0.170	0.603

戴良昭（1995）对'兰竹'、'陈紫'荔枝吸收根三要素含量分析

结果与上述趋势一致，两品种吸收根氮、磷、钾含量明显低于叶片三要素含量，其中 N 含量低 39.2%～76.8%，P 含量低17.3%～54.5%，K 含量低 43.5%～50.9%。

（三）叶片矿质营养成分

Menzel 等（1992）报道，种植在澳大利亚的'大造'、'黑叶'、'淮枝'品种秋梢叶片元素含量为：N 1.64%，P 0.18%，K 0.78%，Ca 0.96%，Mg 0.40%，Fe 105mg/kg，Mn 226mg/kg，Zn 22.4mg/kg，Cu 17.3mg/kg，B 49.3mg/kg。各元素含量顺序为：N＞Ca＞K＞Mg＞P＞Mn＞Fe＞B＞Zn＞Cu，且品种间叶片各元素含量均存在显著差异。王仁玑等（1988）报道，福建'兰竹'荔枝秋梢叶片含 N 1.832%～2.080%，P 0.141%～0.149%，K 0.856%～0.901%，Ca 0.478%～0.512%，Mg 0.220%～0.285%，养分含量顺序为：N＞K＞Ca＞Mg＞P。彭宏祥等（1988）对广西早、中、晚熟品种秋梢叶片分析结果表明，各品种叶片元素含量：N 1.73%～2.35%（平均2.04%），P 0.12%～0.21%（平均0.17%），K 0.63%～1.09%（平均1.04%），且不同品种叶片 N、P、K 比值相近（1∶0.08∶0.51）。倪耀源等（1990）对广东'糯米糍'荔枝秋梢叶片的分析结果为：N 1.415%，P 0.159%，K 0.775%，其三要素比值为：1∶0.11∶0.55。

荔枝不同叶龄的叶片养分含量存在一定的差异。Menzel 等（1992）对 3 个荔枝品种的叶片分析结果表明，易移动的养分（如 N、P、K）一般幼叶含量比老叶高，不易移动的养分则相反。易移动的养分含量通常在采果后新梢刚抽出时略有下降，然后，新梢老熟时上升至最高水平。采果后，易移动的养分从老叶向正在发育的新梢转移，待新梢老熟时则积累在新叶中。

（四）花果矿质营养成分

1. 花器　在荔枝树体各器官中，花器的 N、P、K 含量最高（表 1-4），且荔枝大量开花消耗树体大量的储藏养分。据广西吴仁山（1986）对十九年生'禾荔'植株的分析，平均每株形成雌、雄花需 N 549g，P_2O_5 151g，K_2O 423g（表 1-5）。

表1-4　荔枝花器 N、P、K 含量（%）

品种	N	P	K	引用文献
'禾荔'	2.450	0.290	1.370	吴仁山等（1986）
'糯米糍'	2.758	0.492	2.226	倪耀源等（1985）
'兰竹'	1.838～2.188	0.220～0.401	2.161～2.310	戴良昭等（1995）
'陈紫'	1.890～2.086	0.278～0.303	1.200～1.350	梁子俊等（1984）

表1-5　十九年生'禾荔'全株花朵养分含量

花序数（枝/株）	花性	每花序平均数（朵）	每株花数（朵）	每朵花重量（mg）	每株花朵重量（kg）	N 含量（%）	N 重量（g）	P₂O₅ 含量（%）	P₂O₅ 重量（g）	K₂O 含量（%）	K₂O 重量（g）
	雄花	947.0	2 046 467	8.91	18.23	2.402	437.98	0.664	121.07	1.675	350.42
2161	雌花	133.5	288 494	15.50	4.47	2.487	111.21	0.664	29.69	1.615	72.22
小计			2 334 961		22.70		549.19		150.79		422.64

注：数据为1983年在广西农校对4株'禾荔'观测的平均值。

2. 果实　果实养分含量与施肥关系密切。据 Menzel 等（1988）报道，荔枝成熟果实养分含量见表1-6，其含量的相对顺序为：$K>N>P>Mg>Ca>Na>Fe>Zn>Cu>Mn>B$。按单株结果树的养分含量统计（表1-2），其果实 [（50±8.5）kg/株] N 含量98g（为全树营养器官 N 含量的43.8%），P 含量22g（为全树营养器官 P 含量的66.7%），K 含量120g（为全树营养器官 K 含量的88.9%）；果实中其余元素含量为全树营养器官相应元素含量的2.1%～100.0%。吴定尧等（1987）对'淮枝'品种鲜果矿质成分进行分析（表1-7），其大量元素含量的顺序为：$N>K>P>Mg>Ca$。倪耀源等（1986）对'糯米糍'和'淮枝'荔枝成熟果实进行分析，平均含量为（占鲜重）：N 0.151%，P 0.033%，K 0.139%。因荔枝品种有小核和大核类型，小核型的'糯米糍'品种，由于果肉所占比例大，其全钾量占全果的63.6%，而大核型的'淮枝'品种仅占47.1%，故前者需钾更多。Menzel 等

(1987) 指出，与叶片养分相比，果实的 N、Mg、Fe、Zn、Cu 含量与叶片相似；而果实的 P、K 含量比叶片高 1.5～2 倍；叶片的 Na、Mn、Ca 和 B 含量却比果实高 2～5 倍。

表 1-6　荔枝成熟果实养分含量

元素	N	P	K	Ca	Mg	Fe	Mn	Zn	Cu	Na	B
含量	0.96	0.21	1.23	0.16	0.17	40.1	21.3	36.5	33.8	56.0	20.4

注：N、P、K、Ca、Mg 单位为%，其余元素单位为 mg/kg；数值系'大造'及'孟加拉'两品种的平均值（占干重）。

表 1-7　'淮枝'鲜果各元素含量

元素	N	P	K	Mg	Ca	B	Mn	Fe	Zn	Cu	Mo	H_2O
全果	1 513.3	329.4	1 331.2	202.5	119.9	4.422	2.071	1.445	1.072	0.247	0.181	81.54
	(100)	(100)	(100)	(100)	(100)	(100)	(100)	(100)	(100)	(100)	(100)	(100)
果肉	473.6	160.5	466.7	35.9	1.1	1.098	0.151	0.448	0.164	0.118	0.045	62.83
	(31.3)	(48.7)	(35.1)	(17.7)	(0.92)	(24.8)	(7.3)	(31.0)	(15.2)	(48.0)	(24.7)	(77.1)
果皮	461.4	72.4	416.8	100.4	116.4	1.806	1.824	0.891	0.788	0.083	0.066	13.89
	(30.5)	(22.0)	(31.1)	(49.6)	(97.1)	(41.0)	(88.1)	(61.6)	(73.6)	(33.5)	(36.4)	(17.0)
种子	578.3	96.5	448.8	66.2	2.4	1.515	0.096	0.106	0.120	0.046	0.070	4.82
	(38.2)	(29.3)	(33.7)	(32.7)	(2.07)	(34.2)	(4.6)	(7.3)	(11.2)	(18.5)	(38.9)	(5.9)

注：元素单位为 mg/kg，括号内为占全果养分的百分比。

四、荔枝树体矿质元素含量的季节性变化

（一）叶片矿质元素含量的年周期变化

庄伊美等（1988）的研究指出，'兰竹'荔枝秋梢叶片常量元素年周期变化曲线呈现季节间的显著差异（图 1-1），其叶片含 N、P、K 量随叶龄增加呈下降趋势，而叶片含 Ca、Mg 量则随叶龄增加而上升。此外，叶片元素含量年份间有一定的差异，两年间

因单株产量大小年差异明显（平均株产：1986 年 68.2kg，1987 年 22.7kg），各年中的叶片 N、K 含量也受到显著的影响，1986 年（大年）两元素含量明显低于 1987 年（小年），此与作者对龙眼等的研究结果相近，即植株在大年期间，因果实消耗较多的 N、K，致使叶片 N、K 元素含量较低。Menzel 等（1992）指出，叶龄和挂果对叶片养分状况有明显影响，易移动的元素（N、P、K），通常是幼叶含量比老叶高，开始结果前亦较高；不易移动的元素则相反。叶片 Fe、Mn、Cu 和 B 含量，开花和生长期上升，采果时达最高值，采果后又下降，直至花穗发育初期为最低水平；叶片 Zn 含量全年波动，夏末秋初新梢抽生、坐果前及采果时含量较高。Menzel 等还指出，挂果会降低叶片 K 含量，有时也会降低 N、P、Zn 的含量水平，但 Ca 的水平却提高，其余元素（Mg、Na、Fe、Mn、Cu、B）的变化不稳定。倪耀源等（1986）的研究表明（图 1-2），在花器形成期间，叶片 N、P、K 含量处于高值，随后由于开花及幼果发育养分大量消耗，叶片养分水平处于低值；以后的变化与果实继续发育有关。以'糯米糍'为例，植株营养状况随着开花和果实第一阶段发育的营养消耗，叶片 N、P、K 含量有不同程度地下降，至果实发育第一阶段过渡到第二阶段时，下降到最低水平，之后，随着种子的子叶生长缓慢或停止，果实所需养分减少，叶片养分含量有所回升。果实发育进入第三阶段，假种皮（果肉）迅速生长，需吸收大量养分，故叶片 N、P、K 含量再次下降。整个过程中，叶片 N 素反应最敏感，K 次之，P 相对较稳定。

据戴良昭等（1995）报道，'兰竹'荔枝不同物候期的叶片 N、P、K 含量与产量之间存在一定的相关性（表 1-8），开花前叶片 N 含量与产量呈极显著正相关，而抽穗期叶片 N 含量与产量却呈显著负相关。叶片 P 含量与产量之间，只有在开花期呈显著正相关，叶片 K 含量与产量在开花前呈显著正相关，而在花芽形态分化期及开花期，叶片 K 含量与产量却呈显著负相关。由此可见，荔枝开花前树体养分含量状况对当年产量影响较大，开花前积累较多养分对提高坐果率及产量均有明显的作用。

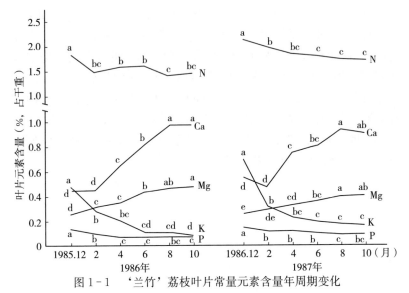

图 1-1 '兰竹'荔枝叶片常量元素含量年周期变化

注：同年各元素含量平均值，系根据新复极差测验，注有不同英文字母者，表示达 5% 显著水平。

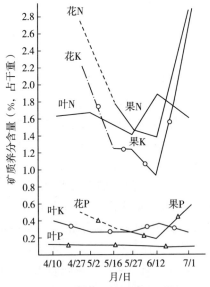

图 1-2 '糯米糍'荔枝叶果矿质含量动态（1984）

表 1-8 '兰竹'荔枝不同物候期叶片养分含量与产量间的相关性 (r)

物候期	花芽生理分化期	花芽形态分化期	抽穗期	开花前	开花期	幼果形成拼粒期
N	−0.673	+0.485	−0.768*	+0.837**	−0.354	−0.385
P	+0.685	+0.358	−0.364	+0.534	+0.785*	−0.654
K	+0.537	−0.758*	−0.642	+0.813*	−0.761*	−0.587

注：相关系数 $r_{0.05}=0.707$，$r_{0.01}=0.834$，$n=6$；* 显著相关，** 极显著相关。

（二）果实矿质元素含量的年周期变化

倪耀源等（1986）报道，种子败育型的'糯米糍'荔枝，从花器形成至果实形成期，果实养分含量变化曲线为（图 1-2）：初期和后期的 N、P、K 含量较高，而果实发育中期的含量明显下降。如上所述，在果实发育期间，其叶果之间养分存在一定的消长关系，因此，应重视果实发育期间增施养分，以利于减少落果及增大果实。据分析，果实的不同发育阶段营养水平不同，幼果期果实三要素中 N 含量最多，K 次之，P 含量较低，如'糯米糍'N、P、K 的比例为 6.7：1：4；当假种皮进入迅速发育期，成熟果实 N、P、K 含量剧增，成熟时 K 与 N 的含量相近，其 N、P、K 的比例为 5.1：1：4.9。

五、土壤养分含量的年周期变化及土壤肥力演变

（一）土壤养分含量的年周期变化

庄伊美等（1988）对'兰竹'荔枝园土壤有效养分含量的年周期变化进行研究，结果表明：①土壤有效养分含量及 pH 年周期变化中（图 1-3，图 1-4），碱解 N 及有效 P、速效 K 值，绝大多数存在显著的季节性差异，而交换性 Ca、Mg 及 pH，全年测定值间未达显著差异的曲线超过一半。由此表明，荔枝园土壤有效 N、P、K 含量，受季节性的影响大于有效 Ca、Mg 及 pH。②土壤分

析值的年周期变化特点：上层土壤碱解 N 含量呈现为前期及后期较低，而中期（4～6 月）较高；有效 P、速效 K 含量的季节性变化规律性较差；交换性 Ca 含量年周期的季节性变化规律较差；交换性 Mg 含量，上层土壤测定值显示出中期（4～6 月）较高，前、后期较低，而下层土壤未见季节差异；土壤 pH 季节性变化规律不甚一致。此外，统计分析表明，'兰竹'荔枝叶片元素含量与土壤有效养分含量间的年周期变化相关性较差（在 20 个相关系数中，仅有 3 个达极显著水平），因此，树体叶片分析与园地土壤分析的关系颇为复杂，在某些情况下，土壤分析配合叶片分析仍有助于正确诊断其营养状况。

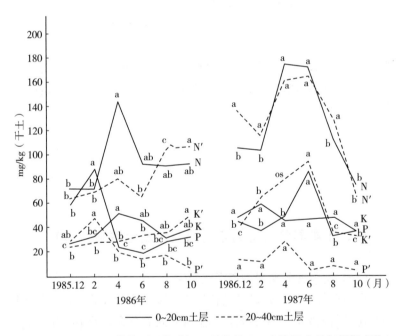

图 1-3 '兰竹'荔枝园土壤碱解 N 及有效 P、速效 K 含量年周期变化

注：同年份各元素含量平均值，系根据新复极差测验，注有不同英文字母者，表示达 5％显著水平。

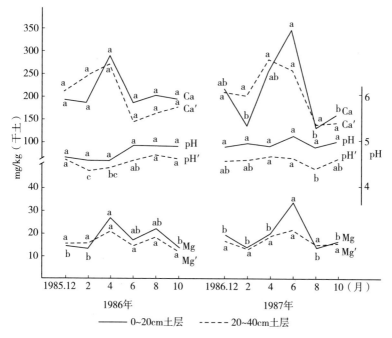

图 1-4　'兰竹'荔枝园土壤 Ca、Mg 含量及 pH 年周期变化

注：同年份各元素含量平均值，系根据新复极差测验，注有不同英文字母者，表示达 5% 显著水平。

（二）土壤 pH 与有效态养分含量的相关性

探明土壤 pH 与有效态养分含量的相互关系，对指导荔枝园土壤定向培肥和平衡施肥有重要意义。庄伊美等（1997）对福建 6 个荔枝主产县 30 片代表性果园 120 个土样进行了检测，结果表明，荔枝园土壤 pH 与 9 个有效态养分含量之间，有 5 个相关系数达较显著至极显著水平：土壤 pH 与代换性 Mn（$r=-0.298$，$P<0.01$）、有效态 Fe（$r=-0.338$，$P<0.01$）及水溶性 B（$r=-0.194$，$P<0.05$）含量间呈负相关，即这三种有效养分含量随 pH 上升而减少；而土壤 pH 与交换态 Ca（$r=0.845$，$P<0.01$）及有效态 Mo（$r=0.152$，$P<0.1$）含量间呈正相关，即这两种有

效养分含量随 pH 上升而增加。由此说明，荔枝园土壤 pH 与有效态养分水平有关，综合分析认为，福建丘陵地荔枝园土壤 pH 的最适范围为 5.5～6.5。

Menzel（1990）报道，荔枝园土壤 pH 及交换性 Ca 含量随土层深度增加而降低，而交换性铝（Al）则增加；且土壤 pH 与钙饱和度之间呈极显著正相关，与交换性铝及铝饱和度之间呈极显著负相关。Nanz（1955）在美国佛罗里达州的调查表明，土壤 pH 5.0～5.5 的荔枝植株生长结果较好；pH＜5.0 的园地，其植株表现不良。Nanz 提出，在佛罗里达州，采用草覆盖有助于维持土壤反应呈中性偏酸。Menzel 等（1991）指出，在澳大利亚南昆士兰州，pH 4.5～5.0 的荔枝园土壤施用石灰，可提高其 pH；然而，pH 仍很少能达到 6.0～6.5，认为此与降水量大及施石灰被酸性肥料所中和有关。

（三）土壤肥力的演变过程

庄伊美等（1991）对荔枝园土壤肥力演变以及土壤养分含量与酶活性相关性进行研究，提出红壤荔枝园土壤肥力的演变大致有两种类型：①实行合理的土壤培肥途径，果园土壤养分含量及酶活性基本上随垦殖年限的延长而提高，且养分含量与酶活性的变化较为协调，土壤肥力的演变趋势为：成年园（五十至一百年生）≥青年园（二十至二十五年生）≥荒地。②土壤肥培管理粗放，尤其是成年园，导致土壤养分含量及酶活性并非随垦殖年限的延长而提高，且出现成年园土壤肥力趋于下降的状态。这是造成荔枝低产、不稳产的重要因素之一。庄伊美等（1989）还指出，荔枝园土壤养分含量与酶活性存在一定的相关性。例如，土壤有机质、速效 P 含量与酸性磷酸酶活性呈显著或极显著正相关（$r = 0.478^* \sim 0.633^{**}$）。

王仁玑等（1986）的研究表明，高产荔枝园的土壤化学性状优于低产园，其中，高产园的土壤有机质、全 N、全 P、速效养分（尤其是 P、K）含量以及盐基代换量、饱和度多高于低产园；而其土壤酸度（包括潜性酸、活性酸）显著低于低产园。

第二节 荔枝的营养诊断

一、树体营养诊断

叶片分析是当今果树营养诊断的重要手段，它能及时反映植株的营养状况，为指导果园合理施肥提供科学依据。叶片分析是测定叶片中各种营养元素含量的水平，根据树体营养生理原理，对照已确定的标准值，并考虑元素间的平衡关系，对其营养状况进行判断。特别是植株处于潜在养分失调状态时，当某种元素潜在缺乏或过量，即使叶片或其他器官尚未出现症状时，对树体已有所影响，采用叶分析指导施肥便可避免此种不良的影响。叶分析还可检测出不同元素之间的促进或颉颃作用，为保持树体元素间的生理平衡提供依据。此外，由于果园叶片分析的连续性，亦可预测其未来营养状况的趋势，使树体养分逐年保持在适宜水平。

（一）叶片分析的基本原理

叶片分析系采用化学分析或仪器分析的方法，对荔枝叶片中的营养元素进行全量分析。分析结果能用于考查和评价荔枝树体的营养状况，从而为施肥作出正确的指导。其基本原理是叶片中营养元素的浓度及元素间的平衡关系，对荔枝树体的生长量及果实产量、品质存在着相关性。这种相关性存在的根本原因，在于叶片是荔枝树体的主要营养器官，它能反映出树体从根系吸收并分布在叶片中的养分总量，从而能反映出树体的营养状况。

从植物营养生理的角度出发，营养元素的浓度与植株生长量或产量之间存在密切的关系。Chapman 在 Liebig、Macy 及 Ulrich 等学者研究的基础上，提出了更为完善的生长量或产量与树体养分浓度关系的曲线模式（图 1-5）。

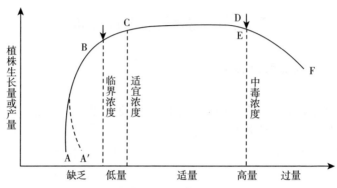

图1-5　植株养分浓度与树体生长量或产量的关系

AB区：此区为缺乏区，植株养分浓度很低，生长量或产量亦很低，树体表现出缺素的典型症状。当营养元素增加时，产量或生长量急剧上升。图中的A'虚线表示，当某种元素在体内极度缺乏或长期处于饥饿状态时，植株中该元素浓度可能反常偏高，与生长量呈负相关，此现象称为Piper-Steenbjerg效应。这是由于严重缺素时，植株生长受到强烈抑制，干重显著下降，使元素的相对浓度偏高。

BC区：此区称为低量区（或称过渡区、潜在缺乏区），植株生长量或产量随着元素的增加而有所上升，植株不表现缺素症状，但生理上已处于元素的低水平，即"潜在缺乏"。此过渡区的中点为"临界浓度"，其生长量或产量为最高生产量或产量的90%。

CD区：此区为适量区（或称适宜范围、足够区），达到树体生长量或产量的最高点（C点）为"适宜浓度"；实际上，由于许多因素的综合作用，"适宜浓度"以外存在一定的范围，即"适宜范围"，在此范围内，元素浓度继续增加，而产量或生长量未见明显变化。

DE区：此区为高量区，在适宜范围之外，体内元素继续升高，但产量或生长量不再增加，树体营养处于奢侈供应状态。

EF区：此区为过量区（或称中毒区），树体继续吸收营养元素，达到"中毒浓度"以外，其生长量或产量下降，此时可出现明显的中毒症状。

根据图 1-5，可将营养诊断标准划分为 5 个幅度：缺乏、低量、适量、高量及过量。但在实际应用中，亦可划分为 3 个幅度：缺乏、正常、过量，三级划分法更接近实际情况。

叶片分析证明，许多因素会影响树体营养水平，不仅叶片的叶龄、梢别和部位有重要的影响，而且品种、砧穗组合、立地条件、栽培管理、年份及结果状况等，均对叶片矿质成分有一定的影响。所以，叶片分析结果的解释或应用叶片分析指导施肥时，必须考虑这些因素的影响。

从树体正常的营养生理考虑，除了上述的各营养元素应保持一定的适宜水平外，尚需保持各元素间的适宜比例，以达到树体中营养元素的生理平衡。20 世纪 70 年代以后发展起来的诊断施肥综合法（DRIS），则是以养分平衡为依据的。

（二）叶样采集与处理

采样前，必须对果园的基本情况进行必要的调查（包括土壤条件、树体生长结果状况、栽培特点、存在问题等）。供叶片营养诊断的采样时期，以叶片养分含量变化较少的相对稳定期为宜。根据庄伊美等（1988）的研究，‘兰竹’荔枝秋梢叶片元素含量年变化的稳定期，大致有两种情况：一是 N、P、K，基本上 4～10 月稳定在较低水平；二是 Ca、Mg，8～10 月稳定在较高水平（图 1-1）。因此，在荔枝营养诊断的实践中，提出于 12 月采集 3～5 月龄秋梢顶部第 2 复叶的第 2～3 对小叶供叶片分析。总的来看，此期间叶片养分含量较为稳定，且指导翌年施肥亦较及时。

然而，荔枝叶片分析的适宜采样时期及采样部位，迄今尚未统一。在南非（Koen，1981），采样时间从坐果到果实发育中期（相当于北半球的 4～5 月），叶样采自果穗之下第 2 复叶的中部 2 片小叶。在美国佛罗里达州（Young 等，1964），于开花中期，从营养枝上采集顶部叶片。在澳大利亚，采样期相当于北半球的 8～10 月，取新近成熟的叶片（Winston，1980；Cull，1983）；亦有在坐果至采果期间采叶样的。Menzel 提出，坐果后 2～6 周，采集果穗

下面的成熟叶片；后来，Menzel（1989）又建议，采样期 11 月至
翌年 2 月（相当于北半球的月份）为宜。他认为对绝大部分品种来
说，营养水平最稳定的时期是秋梢停长后至花穗抽出前，此期亦是
荔枝叶片分析采样的最好时期。在印度，于 11 月（即花蕾出现前
2～3 个月）从营养枝上采样。

为保证分析数据的可靠性，一般在特定果园中选择代表性植株
20～25 株，采用对角线或锯齿形采样方法为宜。于树冠外围各向，
按上述梢别及采叶部位，采集正常小叶，混合样为 100～200 片。
将叶片装入尼龙纱袋或纱布袋内，迅速送至实验室。如实验室不能
及时处理，则需换上塑料袋，放在－5℃的冰箱里冷藏直至洗涤。

叶样处理：采集的叶片先用中性洗涤剂（液体）配成 0.1％的
水溶液洗涤约 30s，取出后尽快用清水冲洗，再用 0.2％盐酸溶液
洗涤约 30s，然后用去离子水洗净（或先用蒸馏水，再用去离子水
洗净），整个过程应迅速（不超过 2min）。洗涤后的叶样放在浅皿
中，置入鼓风烘箱（105℃）杀酶 15min，然后再于 65℃下烘干。
干燥后的叶样可采用不锈钢粉碎机粉碎，经 1mm 孔筛过筛装入塑
料瓶保存待分析（元素测定方法参见《柑橘营养与施肥》，庄伊美，
1994，中国农业出版社）。

（三）叶片营养诊断标准

鉴于荔枝叶片分析的采样时期及采样部位尚未统一，以及品
种、立地条件、栽培等因素的差异，各地提出的叶片各元素含量的
适宜标准亦不尽一致。王仁玑等（1988）在确定福建主栽品种'兰
竹'荔枝的叶片营养适宜标准时，证明同一品种在不同地点、年份
的叶片元素分析值存在明显差异，故通过多点、多株、多年的采样
分析，并对大样本数值进行综合分析、处理，经过系统的比较研
究，使所确定的营养适宜范围，能指导一定地区同一品种的合理施
肥。此外，我国广西、广东、福建亦曾报道过其他品种叶片元素含
量的适宜水平（戴良昭，1999），见表 1-9。值得提出，各地应根
据不同品种进行多年、多点的分析，并参照树体生长结果状况综合
比较，以确定适合本地区品种的叶片元素含量适宜标准。

表 1-9 我国荔枝叶片营养元素含量适宜标准

品 种	N	P	K	Ca	Mg	
'兰 竹'	1.50～2.20	0.12～0.18	0.70～1.40	0.30～0.80	0.18～0.38	王仁玑等（1988）
'大 造'	1.50～2.00	0.11～0.16	0.70～1.20	0.30～0.50	0.12～0.25	陈国平等（1986）
'禾 荔'	1.60～2.30	0.12～0.18	0.80～1.40	0.50～1.35	0.20～0.40	
'糯米糍'	1.50～1.80	0.13～0.18	0.70～1.20			倪耀源等（1990）
'淮 枝'	1.40～1.60	0.11～0.15	0.60～1.00			
'陈 紫'	1.40～1.80	0.12～0.17	0.80～1.20			梁子俊等（1984）

澳大利亚 Menzel 等（1992）认为，不同品种需要不同的标准，例如，'淮枝'叶片 N、P、K 含量比'黑叶'、'大造'的低。Price 等（1988）在澳大利亚的分析亦证明'淮枝'叶片 P、K 含量低于'大造'及'孟加拉'。根据国外学者有关荔枝叶片元素含量适宜标准的报道，将不同国家制定的标准列于表 1-10。

表 1-10 国外荔枝叶片营养元素含量的适宜标准

营养元素	南非 (Call，1977)	以色列 (Galan Sauco，1987)	澳大利亚 (Price，1987)	澳大利亚 (Menzel，1992)
N	1.30～1.40	1.50～1.70	1.50～1.80	1.50～1.80
P	0.08～0.10	0.15～0.30	0.12～0.22	0.14～0.22
K	1.00	0.70～0.80	0.70～1.00	0.70～1.10
Ca	1.50～2.50	2.00～3.00	0.50～1.00	0.60～1.00
Mg	0.40～0.70	0.35～0.45	0.25～0.50	0.30～0.50
Fe	50～200	40～70	25～150	50～100
Mn	50～200	40～80	40～400	100～250
Zn	15	12～16	12～25	15～30
Cu	10	—	5～20	10～25
B	25～75	45～75	15～40	25～60
Na	—	300～500	<100	<500
Cl	—	0.30～0.35	<0.20	<0.25

注：N、P、K、Ca、Mg、Cl 单位为%，Fe、Mn、Zn、Cu、B、Na 单位为 mg/kg。

二、土壤营养诊断

荔枝植株所需养分绝大部分来自土壤，因此，果园土壤养分的丰缺状况关系到其生长结果。进行荔枝园土壤营养诊断，可为正确判断树体营养状况提供科学依据。实践证明，土壤诊断是树体营养诊断的重要辅助手段。通常，荔枝园的土壤诊断，主要在于衡量土壤生态特征，尤其是土壤营养水平；找出限制其生长结果的土壤因子，包括元素缺乏或过量；评估施肥的种类、数量和方法。

（一）土壤分析的基本原理

土壤营养诊断主要是通过化学分析和仪器分析方法，进行土壤中多种营养成分的测定，以了解土壤养分的丰缺状况及土壤养分的变化规律，从而为指导平衡施肥提供重要依据。土壤分析的基本原理，是模拟植株根系吸收养分的机制，选择不同的土壤浸提液，提取土壤中植株根系所能吸收利用的各种形态的营养元素。然后，用化学分析或仪器分析方法，测定各种元素的含量。在确定土壤养分提取剂时，应根据根系吸收养分的机制而定。通常，土壤养分的提取剂可分为离子交换、络合和水溶解三种类型。以何种提取剂为宜，需依田间试验结果，以所提取的养分含量与树体养分状况（叶片分析结果）的相关性较高者为宜。诸如，土壤中的 K、Ca、Mg 等盐基离子有效态含量的测定，由于根系对这些养分的吸收，多以离子交换方式进行，故土壤常用的提取剂为 1mol/L 醋酸铵（NH_4Ac）（pH7.0）的中性溶液；而土壤中 Fe、Mn、Zn、Cu 等有效态养分的提取剂，除用 NH_4Ac（pH7.0）中性溶液外，亦有用二乙烯三胺五乙酸（DTPA）络合物或其他的酸性溶液作为提取剂。各地田间试验表明，不同土壤类型采用不同提取剂；或同一种土壤采用不同提取剂时，应有不同的诊断标准。

（二）土样采集与处理

土壤分析的取样（代表性等）和处理技术，直接关系到土壤诊断的可靠性和准确性。鉴于荔枝根系在土壤中分布深广，立地条件和土壤管理方法又较复杂，因此，土壤诊断标准化则成为一个重要的问题。

土壤取样方法和样品处理：供土壤养分诊断的取样时间，通常为每年取样一次，可在开花前或采收后进行。取样时，应选定有代表性的园地，按锯齿形（Z形）取样。如园地面积较小，土壤肥力较为均匀，可选取5～25株代表性植株，在每株树冠周缘处挖取不同层次等体积的土样混合。用四分法弃去多余土壤，各层混合土样保留1kg装入袋内。取土范围可依根系深度而定，通常以根系分布较为集中的层次为主（离土表0～40cm）。此外，如作为研究果园土壤肥力基本特征的，则可在果园外进行土壤剖面取样；进行土壤障碍因素诊断，可对不同生育相树采集土壤样品；调查土壤养分变化规律，可定点、定期、有计划地采集土壤样品。

采集的土样应迅速带回实验室，摊开在塑料膜上晾干，并除去石块、根、枝等杂物。风干后，用塑料棍将土样碾碎，使全部通过1mm孔筛，以供测定pH、速效养分和交换性能等项目。测定土壤有机质、全N等项目，可取一部分通过1mm孔筛的土样进行研磨，使其全部通过0.25mm孔筛。测定土壤矿质养分成分的全量，则可取部分通过1mm孔筛的土样研磨，使其全部通过0.15mm孔筛。测定微量元素的土样，要用木质或不锈钢器具研碎，用尼龙筛过筛。研磨过筛后的土样混合均匀，则可装入塑料瓶或玻璃瓶中备用（土壤养分测定方法参见《柑橘营养与施肥》，庄伊美，1994，中国农业出版社）。

（三）土壤营养诊断标准

通过土壤分析，明确果园土样营养状况，并查明植株营养状况的土壤限制因子，是果树营养诊断的重要辅助手段。果园土壤营养诊断，通常是指土壤中各营养元素有效态含量的测定。由于土壤有效养分含量状况受诸多因素的影响，因此在确定荔枝园土壤元素适宜指标时，必须注意：①采集土壤样品的果园应有一定的代表性，包括生态条件、树体生长结果状况、田间管理水平等；②采用大样本取样法；③进行多点采样，且采样方法基本一致。庄伊美等

（1994）在研究福建丘陵地荔枝园土壤元素适宜含量时，分别在 6 个主产县（区）采集土样，各县（区）选定盛果期代表性丰产园 5 片，每片园地选择生长较一致的植株 16 株，在株间树冠滴水线附近，采集土壤耕作层（0～40cm）土样，重复样品共 120 个（$n=120$）。通过较为系统的比较研究，提出荔枝园土壤元素含量的适宜指标（表 1-11）。此外，庄伊美等（1989）针对红壤荔枝园土壤化学性状与酶活性相关性进行研究，提出了衡量荔枝园土壤良好熟化水平的养分含量及酶活性指标，其中土壤酶活性的适宜指标为：酸性磷酸酶（酚）＞0.25mg/g，转化酶（还原糖）＞5.00mg/g，脲酶（NH_3）＞50mg/100g［注：以上酶活性，以单位重量土壤（1g，100g）酶促反应产物的数量（mg）表示］，上列指标可作为红壤荔枝园土壤改良的参数。Menzel 等（1989）推荐澳大利亚荔枝园土壤养分的适宜标准：pH5.5～6.0，有机质 1.0％～3.5％，硝态氮 10mg/kg，有效磷 100～300mg/kg，速效钾 195～390 mg/kg，代换性钙 600～1 000mg/kg，代换性镁 244～488mg/kg，有效铜 1.0～3.0mg/kg，有效锌 2～15mg/kg，活性锰 10～50 mg/kg，水溶性硼 1.0～2.0mg/kg，氯＜250mg/kg，钠＜0.023％。南非 Koen（1981）报道，当荔枝园土壤有效磷＜6 mg/kg，速效钾＜56mg/kg 时，增施磷、钾肥可获增产。

表 1-11　荔枝园土壤元素含量的适宜标准

元素	适宜标准	元素	适宜标准
pH	5.5～6.5	有效态铁	20～60
有机质	1.0～1.5	有效态锌	1.5～5.0
全　氮	＞0.07	代换性锰	1.5～5.0
碱解氮	70～150	易还原态锰	80～150
有效磷	＞15	有效态铜	1.0～5.0
速效钾	40～100	水溶性硼	0.4～1.0
代换性钙	150～1 000	有效态钼	0.15～0.32
代换性镁	40～100		

注：有机质、全氮单位为％，其余元素单位为 mg/kg。

第三节　荔枝的合理施肥与营养失调矫治

一、施肥量及比例

(一)影响施肥量的因素

荔枝植株每年需吸收大量的养分供根、茎(枝)、叶、花及果的生长发育,并积累部分养分在树体中。在确定合理的施肥量时,必须考虑以下情况。

1. 土壤的差异　我国荔枝园的土壤类型较多,包括丘陵山地、江河冲积地、平地等各种园地土壤,因其肥力水平的差异,使得土壤养分总量及有效态含量有所差异。通常,丘陵山地荔枝园的土壤肥力较低,因此,施肥量比一般比平地肥沃果园多。就土壤熟化度而言,园地熟化度差的,应适当增施肥料。此外,土壤管理状况、成土母质、土壤酸碱度等,亦会影响土壤养分的含量。

2. 气候的差异　荔枝虽属典型的亚热带常绿果树,但因我国荔枝分布较广,受纬度、地形差异和距海远近的影响,其气候区域性有所变化(包括热量、雨量、日照等)。例如,我国海南热带地区及南亚热带的南部地区,热量丰富、雨量充沛、日照充足,促进了荔枝植株生长发育,生长量较大,能实现早结高产;而且这些地区施入土中的有机肥等分解较快,易于流失。因此,此类地区的施肥量通常高于南亚热带的偏北地区。

3. 品种的差异　不同品种的生长状况、开花结果特性存在一定的差异,对养分的需求亦有不同(例如早熟、晚熟型,小核、大核型,大小年结果、高产稳产型等)。此外,生长旺盛或结果较少的植株,其需肥量相对较少;树势较弱或结果较多的植株,则应适当增施肥料。

4. 养分损失及肥料利用率的差异　施入土壤中的肥料,可随地表径流或地下渗透水流失(如 NO_3、K、Ca、Mg 等),也会因分解以气态挥发(NH_3 等),还有部分与土壤结合成不可给态而被固定（如 P、K 等）。因此，使用的肥料不能全部被树体吸收利用。通常，化肥的利用率大致是：N 30%～60%，P_2O_5 10%～25%，K_2O 40%～70%；而有机肥料养分的利用率为 N 20%～60%，P_2O_5 10%～30%，K_2O 50%。此外，施肥方法亦会影响肥料的利用率，合理的施肥方法可明显提高肥效。

（二）确定施肥量的依据及方法

由于荔枝产区环境因素的多样性以及荔枝树体营养特性的复杂性，不可能确定统一的施肥量标准。但是，一般可以树体形成一定产量所需的养分量作为估算施肥量的基本依据。从而求得适合于某一品种不同产量水平的合理施肥量。荔枝施肥量的确定方法，主要有理论计算（养分平衡法）和田间试验。

1. 理论计算　此法是根据荔枝植株需肥量与土壤供肥量之差，计算出目标产量的施肥量。首先应测出植株各器官每年从土壤中吸收的各营养元素总量，减去土壤天然供给量，再除以肥料利用率，由此则求出各元素的施肥量。此法是由著名土壤化学家 Truog 于1960 年首次提出的，并为 Stanford 所发展并试用于生产实践。计算公式如下：

$$某营养元素的施用量 = \frac{（植株全年吸收量 - 土壤天然供给量）}{肥料利用率}$$

全年植株吸收量是指新叶、新梢、枝干增大、新根及果实全年吸收量。植株对各营养元素的吸收量，因品种、树龄、器官间年生长量的不同而异。根据植株每年各器官的生长量，推算出全年的吸收量，通常可作为确定施肥量的重要依据。土壤供肥量受土壤类型、气候条件和栽培特点等因素的影响，故可通过田间试验来确定。据已有的研究实践，氮的土壤供给量相当于植株 1/3 的吸收量，磷、钾的土壤供给量相当于植株 1/2 的吸收量。肥料的利用率，N 30%～60%，P_2O_5 10%～25%，K_2O 40%～70%。鉴于目前尚罕见荔枝品种植株全年新叶、新梢、枝干增大、新根的解体分析研究（1992 年 Menzel 等的报道，仅指全株所有营养器官及果实的营养总量），故难以采用以上公式计算某元素全年的施用量。但考虑到便于实际应用，亦可根据果实带走的养分量估算出施肥量（即估算施肥量法）。例如，据倪耀源等（1990）和吴定尧等（1987）分析，生产 1t 荔枝果实要从土壤中带走 N 1.370～1.513kg（平均值，前者为'糯米糍'，后者为'淮枝'，下同），P 0.314～0.329kg，K 1.481～1.331kg。由于施入土中的肥料，部分流失、挥发、被固定，因此，一般肥料利用率为 N 30%～60%，P_2O_5 10%～25%，K_2O 40%～70%。再考虑田间许多因素的影响，以及树体生长发育、落叶、落花、落果等消耗的养分。按荔枝三大元素的估算系数（全树耗肥量与果实耗肥量之比）：N 2.5、P 2.0、K 2.5，则可采用下列公式估算施肥量。

$$估算施肥量=\frac{鲜果带走养分量}{肥料利用率}×估算系数$$

根据以上公式，计算生产 1t 荔枝果实的施肥量为（式中鲜果带走养分量采用'糯米糍'及'淮枝'品种的平均值）：

$$每吨果实估算施 N 量（kg）=\frac{1.442}{0.3～0.6}×2.50=6.0～12.0$$

$$每吨果实估算施 P_2O_5 量（kg）=\frac{0.736}{0.1～0.25}×2.0=5.9～14.7$$

$$每吨果实估算施 K_2O 量（kg）=\frac{1.649}{0.4～0.7}×2.50=6.1～10.6$$

按照以上公式计算，生产 1t 荔枝果实，估算的施 N 量为 6.0～12.0kg，P_2O_5 为 5.9～14.7kg，K_2O 为 6.1～10.6kg。以上估算的施肥量为近似值，在指导施肥时，需结合各地荔枝园的实际情况及生产目的予以调整。

2. 田间试验 在一定的立地环境和栽培条件下，以不同地区的代表性土壤，对不同品种、树龄的荔枝树进行田间施肥量定位试验，从而确定较为切合实际的施肥量。此类施肥量试验的年限较长，所得试验结果的可靠性和实用性较强，具有一定的实践应用价值。据戴良昭等（1998）对十八至二十二年生'兰竹'品种进行 5年不同施 N 量试验，可以看出（表 1 - 12），株施 N 0.8kg 的效果最好，产量最高，比株施 N 0.25kg（对照）增产 36.8%；其次为株施 N 0.5kg，产量比对照增产 16.8%；株施 N 1.2kg 的产量却比施 N 0.8kg 的减产 18.8%。可见，'兰竹'荔枝产量在一定施 N 量范围内，随施 N 量增加而提高；但超过一定施 N 量，其产量反而下降。因此，'兰竹'荔枝株产 50kg 的适宜施 N 量为 0.8kg。

表 1-12　'兰竹'荔枝不同株施氮量的效果

处　理	N_1 (0.25kg)	N_2 (0.50kg)	N_3 (0.80kg)	N_4 (1.20kg)
株产（kg）	31.5	36.8	43.1	35.0
与 N_1 比（%）	0	16.8	36.8	11.0
挂果数（粒/穗）	8.43	9.23	9.50	8.63
与 N_1 比（%）	0	9.5	12.70	2.4
挂果枝（占%）	23.2	72.4	76.6	26.4
与 N_1 比（%）	0	312.1	330.2	13.8
可溶性固形物含量（%）	15.6	16.8	16.8	16.3
与 N_1 比增减（%）	0	7.7	7.7	4.5
总糖量（%）	14.1	14.9	15.6	15.0
与 N_1 比增减（%）	0	5.7	10.6	6.4
每 100mL 维生素 C（mg）	17.2	22.2	23.2	21.1
与 N_1 比增减（%）	0	29.1	34.9	22.7

　　梁子俊等（1984）对十二至十八年生'陈紫'荔枝进行 6 年的不同施 N 量试验结果表明（表 1-13），年株施 N 0.25～0.5kg，能获得较高产量（6 年平均株产 23.4～30.1kg）。以株施 N 0.25kg 的产量最高，比不施 N 肥（对照）增产 72.2%；其次为株施 0.5kg，产量比对照增产 34.1%；高 N（株施 N 1.0kg）产量比低 N、中 N 都低。从果实品质看，施 N 愈多，品质愈差，且高 N 的大小年幅度亦较大。南非 Koen 等（1981）以八至十二年生'大造'荔枝为试材，结果表明，年株施 N 0.574kg 的产量最高，其 N：P_2O_5：K_2O 的适宜比例为 3：2：（2～3）；当株施 N 0.718kg 时，产量、品质反而下降。印度 Sharma 等（1988）以六至十年生

'Calcultia Late' 品种为试材，探讨了 3 种施氮量和两种磷、钾量的效应，证实以年株施 N 100g，P_2O_5 50g，K_2O 50g 的产量较高（株产 16.9kg），品质亦好。澳大利亚 Menzel 等（1988），以六至九年生 '大造' 荔枝进行 5 种施 N 水平的比较研究，结果显示，叶片含 N 量随施 N 量增加而上升；高 N 处理促进抽生营养梢，减少抽花率。同时指出，现花前叶片含 N 量为 1.75%～1.85% 及以下，有利于限制营养生长和促进开花；大于此值，则促进过量营养生长，不利开花。

表 1 - 13　'陈紫'荔枝不同株施 N 量的效果

处　理	对照	低氮 （0.25kg）	中氮 （0.50kg）	高氮 （1.0kg）
树冠大小（东西×南北，m）	4.3×4.4	4.4×4.5	4.9×4.2	4.1×4.2
干周（cm）	20.7	25.5	24.0	34.7
与对照比（%）	0	23.2	15.9	67.6
叶面积（cm^2）	26.0	28.6	33.4	31.9
与对照比（%）	0	10.0	28.5	22.7
株产（kg）	17.45	30.05	23.40	19.75
与对照比（%）	0	72.2	34.1	13.2
大小年幅度（%）	93.2	47.3	47.7	83.3
可溶性固形物含量（%）	17.45	17.72	17.72	13.30
比对照增减（%）	0	1.55	1.55	−23.78
总糖量（%）	16.62	16.82	15.97	16.28
比对照增减（%）	0	1.20	−3.98	−2.05

（三）幼年树施肥量

我国荔枝园多属较贫瘠的红壤地，应重视增施有机肥配合适量化肥，以改善土壤性状，提高土壤肥力。Cull 等（1983）指出，在澳大利亚贫瘠的荔枝园中，定植后头几年使用有机肥的效果甚佳。并强调，幼树应避免过多施 N，防止树势过旺；冬季有霜冻地区（如昆士兰等）施 N 宜于春夏进行，以限制抽冬梢，防止冻害。

  幼年树期间，需逐年增加各种养分的施用量。我国广东荔枝幼树的施肥，采取薄肥勤施原则，年施 4～6 次。第 1 年株施 N 12～15g，第 2～3 年株施 N 25～50g，同时配施适量 P、K 肥，每年还要株施土杂肥 50kg。Menzel 等（1987）所调查的几个荔枝生产国幼树施肥量差异较大，有些地区（如印度等）的施用量显著偏高。现仅列举美国、南非、澳大利亚及印度的幼树施肥量于表 1 - 14。

表 1 - 14　荔枝幼树施肥量及施肥期

国家或地区	树龄（年）	每年养分用量（g/株）			施肥期（相当于北半球）月份
		N	P$_2$O$_5$	K$_2$O	
美国佛罗里达	1	10	15	15	2，5，8
	2	14	20	20	
	3	28	40	40	
	4	56	80	80	
	5	112	160	160	
美国夏威夷	1	34	34	34	每 4 个月一次
	2	68	60	68	
	3	136	136	136	
	4	272～410	271～410	272～410	
印度	1～3	175～350	20～60	105～235	12，翌年 2，4
	4～5	350～1000	75～125	300～470	
南非	1	56	25	25	
	2～3	140	25	50	9 月至翌年 4 月共施 8 次
	4～5	280	25	100	9 月至翌年 4 月共施 5 次
澳大利亚	1	60	12	100	7，11，翌年 3
	2	90	18	150	
	3	150	30	220	
	4	180	60	300	
澳大利亚	1	190	10	25	N 每月一次，P 和 K 3 个月一次，2 龄和 3 龄树在 5 月施有机肥
	2	350	40	100	
	3	530	70	150	
	4	390	10	50	

（四）结果树施肥量

各地施肥量（包括三大元素比例）和施肥期差异较大，此与立地条件、栽培特点、品种、结果量、树势的不同有关。

Menzel 等（1987）列出世界荔枝产区的施肥表（表 1-15）。总的看，中国和印度的施 N 量普遍较高。也已证明，控制施 N 量对调节树体营养生长与生殖生长之间的矛盾很重要。

我国荔枝主产区通常以指标产量来计算施肥量，即生产 100kg 鲜果，年施肥量为：N 1.5～2.0kg，P_2O_5 0.8～1.0kg，K_2O 1.5～2.0kg。广东提出，三十年生植株每产 100kg 鲜果，全年施肥量为：N 1.38kg，P_2O_5 0.8kg，K_2O 1.5kg（N：P_2O_5：K_2O=1：0.58：1.09）；广西提出，十五至二十年生植株每产 100kg 鲜果，全年施肥量为：N 1.6～1.9kg，P_2O_5 0.8～1.0kg，K_2O 1.8～2.0kg（N：P_2O_5：K_2O=1：0.51：1.09）。从我国广东及广西以荔枝指标产量计算三大元素的施用量及其比例来看，还是比较合理的。

表 1-15　荔枝结果树施肥量与施肥期

国家或地区	每年养分用量（g/株）			N：P_2O_5：K_2O	施肥期月份（相当于北半球）
	N	P_2O_5	K_2O		
美国佛罗里达	435～653	588～882	460～690	1：1.35：1.06	3，5，7
美国夏威夷	763	327	633	1：0.43：0.83	12
印度	1 530	221	300	1：0.14：0.20	12，翌年2
	1 470	680	540	1：0.46：0.37	12，翌年2，4
南非	700	54	250	1：0.08：0.36	2，7
	270	90	450	1：0.33：1.67	2，7
	500	400	200	1：0.80：0.40	1，3
中国台湾	450	218	458	1：0.48：1.02	1，4，6
	585	245	730	1：0.42：1.25	3，10
	600	160	440	1：0.26：0.73	6，7
澳大利亚	600	200	600	1：0.33：1.00	5，7
	370	68	578	1：0.18：1.56	7

（续）

国家或地区	每年养分用量（g/株）			$N：P_2O_5：K_2O$	施肥期月份（相当于北半球）
	N	P_2O_5	K_2O		
	600	160	440	1：0.26：0.73	3，7
	365~730	0	182~360	1：0.00：0.50	3，7
	800	640	320	1：0.80：0.40	1，3，6
中 国	434~730	209~409	100~200	1：0.53：0.26	3，6
	1 650	225	320	1：0.14：0.19	7
	1 610	180	800	1：0.11：0.50	3，6
	1 820	980	1 400	1：0.53：0.77	2，4，7

注：树龄为 10 年，产量为 100kg。

Menzel 等（1989）推荐的不同树龄的施肥量见表 1 - 16，其 $N：P_2O_5：K_2O=1：（0.3~0.4）：（1.33~1.50）$。据庄伊美等（1991）报道，培肥管理较为精细的荔枝园，其土壤管理多实行以有机肥、无机肥相结合为主体的综合培肥途径（包括施肥、间作、覆盖、压青、扩穴、深耕、培土等），因此，有助于延长荔枝经济结果年限以及获取高产、稳产和优质果实。我国许多主产区在施肥过程中，较为重视有机肥的使用，在全年施 N 量中约 40% 以上的 N 素采用有机肥。

表 1 - 16 荔枝不同树龄的年施肥量（g/株）

树龄（年）	N	P_2O_5	K_2O
4~5	200	80	300
6~7	300	100	450
8~9	400	130	550
10~11	500	170	700
12~13	600	200	800
14~15	800	250	1 200
>15	1 000	300	1 400

二、施肥时期

（一）幼年树施肥时期

未开花结果的幼树处于营养生长阶段，因此，促进新梢及根系的多次生长，并促进分枝以形成健壮树冠，是幼树施肥管理的目标。荔枝幼树施肥以薄肥勤施为原则。管理较为精细的果园，通常以使用腐熟的人粪尿及麸饼为主，适当加入速效氮肥。定植当年的幼树，每月施稀薄肥水（30％粪尿水）1～2 次或每株施尿素 25g 为宜。第 2 年的幼树，在每次新梢期施两次肥（即萌芽时及叶片转绿后）；粪尿水浓度可提高到 50％，若施尿素每株可增至 50～100g。第 3 年的幼树，在每次新梢萌发时施 1 次肥，施肥量同第 2 年。此外，每年可施 1～2 次土杂肥（每株约 50kg），并配施磷、钾肥。

（二）结果树施肥时期

荔枝树进入结果阶段，其营养生长与生殖生长逐渐趋于平衡，并进入全面结果时期，保持其树体营养生长与生殖生长较长时期的相对平衡，延长盛果期，从而达到高产、稳产、优质，是结果树施肥管理的重要目标。从我国产区的生态条件和荔枝生物学特性考虑，结果树全年施肥主要分为 3 个时期。

1. 花前肥　在花芽分化期施用，以促进花芽分化，促花壮花，提高坐果率。此期应注意氮、磷、钾配合，氮、钾占全年施用量的 20％～25％，磷占全年的 25％～30％。此期还可在开花前 20 天进行一次根外追肥（如喷施 0.2％尿素＋0.2％磷酸二氢钾＋0.05％硼砂），以利于开花结果。

2. 壮果肥　自开花后至幼果生长发育期，因花果消耗大量养分，且处于生理落果期及果实生长发育，故应及时补充养分。此期施肥可起到保果、壮果及改善果实品质的作用。荔枝果实生长发育需钾较多，因此，此期需增施钾肥，施钾量占全年施用量的 40％～50％；同时应配合施用适量的氮、磷肥，氮占全年施用量的

$25\% \sim 30\%$，磷约占全年施用量的 40%。此期结合进行 $2 \sim 3$ 次根外追肥，如 0.2% 尿素 $+ 0.2\%$ 磷酸二氢钾 $+ 0.2\%$ 硫酸钾，可收到良好效果。

3. 采果前、后肥　此期施肥主要是迅速恢复树势，促发足量壮实的秋梢结果母枝，奠定翌年丰产的基础。对早熟品种或只培养 1 次秋梢的树，可在采果后施用；而晚熟品种或结果多、树势弱的树，宜分两次施用，亦即采果前、后各施 1 次。采果前以速效肥为主，采果后以有机肥配合化肥。此期各元素施用量占全年肥量分别为：氮 $45\% \sim 55\%$，磷 $30\% \sim 35\%$，钾 $25\% \sim 40\%$。

三、施肥方法

荔枝植株主要依靠根系从土壤中吸收各种养分，而枝叶、果实对养分亦有一定的吸收能力。因此，荔枝施肥方法主要有两种：土壤施肥和根外施肥。

(一) 土壤施肥

荔枝地上部（树冠）与地下部（根系）的生长保持着动态平衡。因此，土壤施肥应根据根系生长、分布、吸收特性、土壤状况等，将肥料施在适当部位，以充分发挥其肥效，促进植株的正常生长结果。土壤施肥时，可施在根系生长密集处，一般多施在树冠滴水线附近；亦可利用根系的趋肥性，施肥部位比根系集中分布的位置略远或略深，以利于诱导根系向深广发展；此外，施肥位置还要考虑树龄、土壤、肥料种类等因素。诸如，幼树根系浅，分布范围小，以开环状沟浅施为宜；随着树龄增大，根系范围不断扩展，施肥的深度、广度亦应逐年加大。土层深厚、土壤疏松、地下水位低的根系分布较深；反之，根系分布较浅，土壤施肥的部位则应随着变化。肥料性质不同，亦应采用不同的施肥方法。例如，有机肥料分解较慢、肥效长，可作基肥均匀深施；化学肥料的肥效短且可溶于水，一般可作追肥浅施。就化肥而言，应以养分在土壤中移动性的差异而采用不同方法。氮肥在土壤中的移动性较大，浅施通常能渗透到根系分布层而被吸收利用（当然还应考虑氮肥种类、降雨状况、土壤条件而有所差异）；而磷肥在土壤中的移动性小，且易被土壤固定，因此，可深施在根系密集处，与有机质肥混施效果更好。

土壤施肥常用的方法：①环状沟施肥，在树冠滴水线附近开环状或半环状施肥沟（深 20～40cm，宽 30～40cm）。②条沟施肥，在行株间开条沟（沟深、宽同上）。③放射沟施肥，以树干为中心，在离树干 60～80cm 处，向外开 5～6 条沟，近树干处开浅沟，并逐渐向外加深（沟深 10～30cm，宽约 30cm，长依树冠大小而异）。④盘状沟施肥，离树干 30～50cm 处至树冠滴水线范围，耙开表土约 10cm 深而成盘状，通常内浅外深，然后将肥料均匀撒施后覆土。⑤穴施，于树冠滴水线附近挖直径 30～40cm，深 30～50cm 的施肥穴 6～8 个，肥料施入后覆土，施肥穴位置应逐次轮换。台湾地区在地形较复杂的园地，采用简便的手提机动式钻孔施肥机施肥，亦属穴施方式。⑥撒施，将肥料均匀撒施于树冠下，然后浅翻入土，此法适于雨季采用。

总之，选择土壤施肥方法时，需依树体、土壤、气候、肥料等的具体情况灵活掌握，但应注意施肥位置的轮换，从而使园地土壤肥力较为均匀。

（二）根外施肥

根外施肥又称叶面施肥。此法是将肥料的水溶液直接喷布在叶片等器官上，植株吸收养分快，易于见效。通常，在缺素矫治、胁迫性气候条件（如旱害、冻害等）或树体某些物候阶段（如花前期、幼果期），为补充根系吸收养分之不足，可采用根外追肥。生产实践证明，荔枝根外施肥对提高坐果率、增大果实、改善果实品质、促进花芽分化以及矫治树体缺素，能起到良好的作用。

根外追肥的浓度及时期：各种营养元素根外追肥的适宜浓度见表 1-17。喷布时期通常在新叶、花期、幼果期，生产实践中以春梢或秋梢生长期、花期及幼果期的效果更好。

表 1-17   荔枝根外追肥溶液浓度（％）

肥料种类	喷布浓度	肥料种类	喷布浓度
尿素	0.2～0.5	硝酸镁	0.3～0.5
硫酸铵	0.2～0.3	硫酸锌	0.1～0.3
硝酸铵	0.2～0.3	硫酸锰	0.1～0.3
过磷酸钙	0.5～1.0	硫酸铜	0.05～0.1
磷酸二氢钾	0.2～0.5	硼酸（砂）	0.05～0.2
硫酸钾	0.2～0.5	螯合铁	0.1～0.2
硝酸钾	0.2～0.5	硫酸亚铁	0.1～0.2
硝酸钙	0.3～0.5	柠檬酸铁	0.1～0.2
硫酸镁	0.3～0.5	钼酸铵	0.02～0.1

（三）灌溉施肥

灌溉施肥是一种先进的施肥方法。先将肥料溶于灌溉水中，然后通过灌溉系统（喷灌：高喷、微喷；滴灌）进行施肥。此法在国内外均已开展研究和利用，我国广东、台湾等地已有试用，取得了增加产量、改善品质的明显效果。据张承林等（2003）报道：①经两年滴灌施肥后，荔枝根系主要分布在滴头下 0～40cm，且大部分根系分布在 20～40cm；但在非滴灌区，根系主要分布在 0～20cm 表层土壤，20cm 以下土层根系数量较少。此外，从单位土壤体积的根长和根表面积来看，滴灌区的根系密集，新根多，三个品种的根长和根表面积均比非滴灌区增加数倍，根系吸收能力的增加，可显著提高水分和养分的利用率。②对五个荔枝品种的滴灌施肥试验表明，与常规施肥相比，滴灌施肥在小年（2001 年）增产幅度达150％以上，而在大年（2002 年）除'桂味'品种外，其他品种亦有一定的增产（增 29％～124％）；同时，滴灌施肥也可增大果实和提高可溶性固形物含量。此外，滴灌施肥还可节约肥料及人工成本。实践表明，灌溉施肥可节省成本，经济用水；提高肥料利用率；养分在土壤中的分布较为均匀，且不伤根，有利于保护耕层土壤结构；同时，在灌溉时间上具有较大的灵活性。但是，在灌溉施肥时应注意：采用微喷时，其灌液被覆面积应达到根区范围的60%～70%或以上；采用滴灌时，易出现管道及滴头堵塞的问题，故应施用可溶性肥料，且必须防止所施用的肥料之间生成不溶性化合物，此外，还需注意滴灌用水的酸碱度（如碱性强的水能与磷反应形成不溶性的磷酸钙而产生堵塞）。

四、微量元素及稀土元素的施用

（一）微量元素施用

荔枝植株生长发育所需微量元素主要来自土壤，由于各地成土母质、生态条件以及人为因素（主要是土壤管理）的差异，致使荔枝园土壤微量元素含量水平变化较大。庄伊美等（1994）研究指出，福建南亚热带荔枝六大主产区丰产园土壤微量元素含量状况尚不平衡。总体来看，土壤有效态锌（平均 4.4mg/kg）、有效态钼（平均 0.28mg/kg）含量较高，而活性锰（代换态锰平均 2.4mg/kg，易还原态锰平均 50.1mg/kg）、水溶态硼（平均 0.35mg/kg）及有效态铜（平均 1.3mg/kg）含量较低。据 Menzel 等（1992）报道，美国佛罗里达州南部石灰质土壤和澳大利亚沙质土果园土壤含铁量较低，常导致荔枝植株缺铁症。其他地区亦见有荔枝园微量元素失调的报道。由此可见，由于立地条件和管理不周，可能出现荔枝植株微量元素失调，并对其生长结果造成不良影响。各地有针对性地施用不同的微量元素取得明显效果。据许荣义等（1984）报道，荔枝缺硼会影响授粉受精，从而使产量降低。室内试验结果表明，B 在 60mg/L 之内，'兰竹'荔枝花粉萌发率及花粉管长度随着 B 浓度的提高而增加；但浓度超过 60mg/L 后，其效果则相反（图 1－6）。田间试验结果显示（表 1－18），植株喷布 0.2%～0.4%硼砂、0.2%硼砂＋2%磷酸二氢钾，或土壤

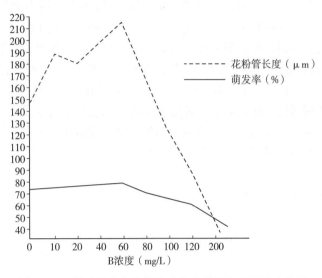

图 1-6 硼对荔枝花粉萌发率和花粉管生长的影响效应

株施硼砂 0.2~0.25kg，能提高叶中 B、N 含量，叶绿素含量及
单果重，并显著提高单株产量。刘星辉等（1983）的试验结果与
上述相近，硼砂 70mg/kg 之内能促进花粉萌发和花粉管生长，浓
度超过 80mg/kg 则有抑制作用。此外，低浓度钼酸铵对荔枝花粉
发芽亦有促进作用，但超过 5mg/kg 浓度，则有明显抑制效应。据
Dutt 等（2000）报道，印度于开花前用 328~656mg/L 的硼酸喷
布荔枝植株，可提高坐果率及改善品质。Naresh 等（2001）报道，
采前喷锌、硼和铜，能显著改善荔枝果实品质，提高可溶性固形物
和维生素 C 含量。印度推荐，于春季喷布 0.8％硫酸锌＋0.4％石
灰，以补充锌元素。在澳大利亚昆士兰，对生长良好的五年生荔枝
树，推荐株施锌 22.7g、硼 0.9g 和铜 2.0g。在我国台湾，对缺铜、
锰、锌、铁的荔枝植株，分别喷布 0.24％硫酸铜、硫酸锰、硫酸
锌、硫酸亚铁，并各加 0.4％石灰，小树每年喷 2~3 次，大树每
年喷 1 次。Menzel 等（1989）推荐了矫治微量元素缺乏症的措施
（表 1-19）。

表 1-18　荔枝喷施硼及磷酸二氢钾的效果

处　理	单果重 （g）	株产 （kg）	花粉萌芽率 （%）	叶绿素含量 （mg/dm²）
喷 0.1% 硼	19.57	12.75	73.8	3.378
	(11.57)	(37.8)	(15.8)	(5.76)
喷 0.2% 硼	20.35	25.00	74.9	3.211
	(16.02)	(170.3)	(18.3)	(0.53)
喷 0.4% 硼	20.18	45.50	76.2	3.378
	(15.05)	(391.9)	(20.4)	(5.76)
喷 0.2% 硼＋0.2% 磷酸二氢钾	20.89	26.75	77.2	3.311
	(19.10)	(189.2)	(22.0)	(3.66)
土施 0.2kg 硼	19.65	39.25	80.5	3.311
	(12.03)	(324.3)	(27.2)	(3.66)
土施 0.25kg 硼	20.83	42.75	71.8	3.311
	(18.76)	(362.2)	(13.4)	(3.66)
土施 0.15kg 硼	19.63	19.75	67.3	3.211
	(11.92)	(113.5)	(6.3)	(0.53)
对照	17.54	9.25	63.3	3.194
	(0)	(0)	(0)	(0)

注：括号中数据表示各处理比对照增加的百分数。

表 1-19　矫治荔枝微量元素缺乏症的措施

元　素	施用肥料	叶片喷布（g/L）	土壤施用（g/m²）
B	Solubor（含 22%B）	2	2
Zn	ZnSO₄（含 23%Zn）	1	25
Cu	CuSO₄（含 25%Cu）	2	4
Fe	FeSO₄（含 19%Fe）	5	10
Mn	MnSO₄（含 28%Mn）	2.5	5

（二）稀土元素施用

镧系（15 种元素）及钪、钇等元素统称稀土。这些元素化学性质颇为活泼，具有较强的氧化、催化、光子以及磁性能。戴良昭等的试验（1985）结果表明，喷布硝酸稀土（0.05％～0.1％）能促进荔枝叶片面积增大（比对照增加 18.1％～29.1％），叶片干物质增加（比对照增加 28.2％～48.7％），叶片叶绿素含量亦增加（比对照增加 11.2％～14.5％）；同时，喷布硝酸稀土还可以提高叶片 N、P、K 含量（比对照分别提高 3.6％、3.4％及 6.3％～35.7％）。因此，喷布稀土元素可提高坐果率、产量以及改善果实品质。吴远栋等（1990）报道（表 1 - 20），对二十年生‘禾荔’品种植株，于谢花后 10 天喷第一次，以后每 7 天喷一次，连续 3 次（硝酸稀土浓度 0.01％～0.05％），明显增加坐果率（比对照增加 20.1％～52.0％），增大果实（单果重比对照增加 24.4％～27.7％），提高可食率及增加可溶性固形物含量。戴良昭等（1985）的试验结果亦显示，于 5 月中旬至 6 月底，对十五年生‘兰竹’荔枝植株，喷布硝酸稀土（浓度 0.05％及 0.1％）2 次，比对照增产 21.9％～29.2％；同时，降低果实含酸量（比对照降低 21.1％～28.6％），提高果实可溶性固形物含量（比对照增加 3.8％～5.1％）。许荣义等（1989）的试验证实，对十五至二十年生‘兰竹’荔枝植株喷布 0.1％硝酸稀土或土施 15g/株，能明显增加单果重，并提高单株产量；然而，室内培养试验表明，稀土元素（10～120mg/L）对荔枝花粉萌发及花粉管生长有明显的抑制作用，且随着稀土元素浓度增加，其抑制作用增强。因此，建议在生产上避免在开花期喷施稀土。据戴良昭（1999）报道，对荔枝树施用稀土时，应适当掌握喷施浓度、用量及时期。实践证明，荔枝喷布硝酸稀土以 0.2％为临界浓度，不可超过 0.2％，否则会出现肥害；其适宜浓度为 0.05％～0.1％，喷布次数以 2 次为宜；喷布时期，以在谢花后的第 1 次生理落果、果实迅速膨大期施用效果较好。此外，喷施稀土时，必须配合正常的施肥管理（包括常量及微量元素的施用），才能充分发挥稀土元素的良好效果。

表 1 - 20　喷施稀土元素对荔枝果实性状的影响

处　理	对照	硝酸稀土喷布浓度		
		0.01%	0.03%	0.05%
成果率（%）	26.03	31.78	31.27	39.56
与对照比（%）	0	22.1	20.1	52.0
果实纵径（mm）	28.29	29.89	29.46	29.54
果实横径（mm）	29.69	32.52	32.52	32.48
单果重（g）	15.00	19.16	18.83	18.66
与对照比（%）	0	27.7	25.5	24.4
可食率（%）	68.9	71.3	75.2	73.3
与对照比（%）	0	3.5	9.1	6.4
可溶性固形物含量（%）	18.67	20.16	20.12	21.30
与对照比（%）	0	8.0	7.8	14.1

五、营养失调及其矫治

　　荔枝正常生长发育所需各种营养元素的失调（缺乏和过剩），都会对树体产生不良的影响。这些影响可能致使植株不同器官出现特有的症状，人们可以通过营养失调的外观症状，来判别某元素的缺乏或过剩（即形态诊断）。然而，可见症状的诊断尚存在难于确诊的情况（诸如元素的潜在缺乏或潜在过量、几种元素的重叠症状、外界因素差异的症状饰变等）。因此，在生产实践中，仍应以叶片分析结合土壤分析，根据分析结果对照营养诊断指标进行诊断，从而较为准确地判断各种元素的失调状况，并制定适宜的矫治措施。

（一）大量元素失调及其矫治

　　1. 氮　缺氮新梢生长受阻，叶变小且薄，叶片黄化（先是老叶变黄）果小，品质差；严重缺氮时，叶缘微卷，新、老叶均易脱落，花量及果实均少。从各地叶片分析结果来看，缺氮时，叶片

荔枝 龙眼 枇杷 杧果营养与施肥

含氮量低于1.4%～1.6%。氮素过量，植株生长过旺，枝梢徒长，叶色浓绿。

缺氮时，除土壤中增施氮肥外，可根外喷施氮素（如0.2%～0.5%尿素），每周喷1次，连喷2～3次。氮素过量时，应停止或减少施氮。

2. 磷　缺磷叶片的叶尖、叶缘出现棕褐色，叶缘枯斑，且向主脉扩展；严重缺磷时，老叶棕褐色更为明显，枝梢生长细弱，果实品质差。缺磷时，叶片含磷量低于0.11%～0.13%。磷素过量，通常会诱发植株缺锌、缺铁。

缺磷时，根外喷施磷肥（如0.5%～1.0%过磷酸钙或0.2%～0.5%磷酸二氢钾），每周喷1次，连喷2～3次；土壤增施磷肥（与有机肥混合深施），可施用过磷酸钙或钙镁磷肥（后者更适合于酸性土壤）。磷素过量应减少或停止施磷。

3. 钾　缺钾叶片褪绿，叶尖出现枯斑，叶缘呈棕褐色，继而从叶缘基部扩展；叶片提早脱落，坐果减少，根系生长受阻。缺钾时，叶片含钾量低于0.6%～0.8%。钾素过量，可能诱发植株缺钙、缺镁等。

缺钾时，土壤施用钾肥（如硫酸钾、氯化钾或灰肥等），倘施钾过量应控制施用；根外喷施钾肥（如0.2%～0.5%硝酸钾、硫酸钾或0.2%～0.5%磷酸二氢钾），每隔10天左右喷1次，连喷数次。

4. 钙　缺钙叶片小，叶缘出现枯斑，叶片脱落，根系生长差，根量少，坐果少，易出现裂果，品质下降。缺钙时，叶片含钙量低于0.3%。钙过量常引致土壤呈碱性，易诱发植株缺铁、锰、锌、硼等元素。

缺钙时，可根外喷施钙素（如0.3%～0.5%硝酸钙或0.3%磷酸二氢钙等），在新叶期叶面喷施数次。对酸性土壤，可施用石灰，一般是均匀撒于土面并翻入土中。石灰适宜施用量因土壤性质不同而有所差异，以沙壤土为例，每667m² 石灰施用量如下：pH 5.0以下为60kg（指熟石灰，下同），pH 5.0～5.5为40kg，pH

· 44 ·

5.5～6.0 为 25kg，pH 6.0～6.5 为 10kg。倘属沙土，石灰施用量比沙壤土减少（约下降 50%）；如属壤土、黏壤土、黏土，施用量比沙壤土依次增加（增 0.5～2 倍）。此外，还应防止钾、氮肥的过量施用；干旱季节应及时灌溉，以避免暂时性缺钙现象（因土壤水分不足会影响根系对钙的吸收）。土壤钙素过量，可施生理酸性肥料（如硫酸钾、硫酸铵等），亦可施用硫黄或石膏，以调节土壤 pH。

5. 镁　缺镁叶片小，叶片主脉两旁出现枯斑或斑驳，严重缺镁时，枯斑或斑驳范围扩大，易落叶，花量减少，根系生长差。缺镁时，叶片含镁量低于 0.12%～0.20%。

缺镁时，应及时进行土壤施镁（如钙镁磷肥、氧化镁等，亦可施用白云石灰）；采用根外喷布镁素（如 0.3%～0.5%硝酸镁、硫酸镁等），在新叶期连喷数次。土壤镁素过量，通常可施钙肥，土壤 pH 较低时，每 667m² 施石灰 50～60kg；但土壤 pH 6 以上时，应避免施石灰，而喷施 0.3%磷酸二氢钙或 0.3%～0.5%硝酸钙。

（二）微量元素失调及其矫治

1. 锌　缺锌叶片小，叶脉间失绿，严重缺锌时，叶片枯死，果实小。缺锌时，叶片含锌量低于 12～15mg/kg。

缺锌时，可根外喷施 0.1%～0.3%硫酸锌，通常在春季喷布，每隔 10 天喷 1 次，连喷数次。

2. 硼　缺硼可能引起生长点坏死，且落花落果严重。而硼素过量，会出现叶脉间坏死。缺硼时，叶片含硼量低于 15～45mg/kg。

缺硼时，叶片喷施 0.1%～0.2%硼砂溶液，每隔 7～10 天喷 1 次，连喷 2 次。此外，土壤施用硼砂亦有效果，每株成龄树均匀施用硼砂 0.10～0.25kg。土壤硼素过量时，应严格控制施硼，并施用石灰；有条件的可用淡水浇灌根部。

3. 铁　缺铁先是新叶失绿黄化，而后老叶黄化、枯死，严重缺铁枝条枯死。缺铁时，叶片含铁量低于 25～50mg/kg。

缺铁时，倘土壤 pH 高，应增施有机肥，或与硫黄（每

667m²15～20kg）混合施入土中，以降低 pH；此外，每株施 10～20g 螯合铁（钙质土用 Fe-EDDHA，酸性土用 Fe-EDTA），亦可每667m² 施硫酸亚铁或柠檬酸铁 3～4kg。叶面喷施 0.1%～0.2%螯合铁、柠檬酸铁或硫酸亚铁溶液。

4.其他微量元素 锰、铜、钼和氯的失调症尚罕见报道，但已有一些涉及喷施上述元素取得一定效果的试验（见前述）。

参 考 文 献

戴良昭，林昌显，刘丽蓉，等.1998.施氮量对兰竹荔枝氨基酸含量和花性的影响［J］.福建农业大学学报，27（4）：419-422.

戴良昭.1999.荔枝龙眼施肥新技术［M］.北京：中国农业出版社：12-13，18-19，97-99，151，164-169.

黄旭明.2003.近年国外荔枝龙眼研究信息［J］.荔枝龙眼科技（2）：27-28.

倪耀源，吴素芬.1990.荔枝栽培［M］.北京：农业出版社：172-185.

彭宏祥，刘业强，覃琼松，等.1988.广西荔枝主栽品种秋梢叶片矿质营养成分的分析（初报）［J］.福建热作科技（43）：10-14.

王仁玑，庄伊美.1986.荔枝高低产果园土壤化学性状初探［J］.亚热带植物通讯，15（2）：6-8.

王仁玑，庄伊美.1993.国内外荔枝营养与施肥研究进展［J］.四川果树（2）：31-34.

王仁玑，庄伊美，谢志南，等.1988.兰竹荔枝叶片营养元素适宜含量的研究［J］.广西植物，8（3）：269-274.

吴仁山.1986.广西荔枝志［J］.广州：广东科学技术出版社：92-93.

肖华山，吕柳新，肖祥希.2002.荔枝花雄蕊和雌蕊发育过程中碳氮化合物的动态变化［J］.应用与环境生物学报，8（1）：26-30.

谢志南，庄伊美，王仁玑，等.1997.福建亚热带果园土壤 pH 值与有效养分含量的相关性［J］.园艺学报，24（3）：209-214.

许荣义，陈荣木，陈景渌，等.1984.微量元素硼在荔枝应用的研究［J］.福建农学院学报，13（4）：305-311.

张承林，谢永红，李柯，等.2003.滴灌施肥技术在荔枝果园中的应用［J］.

荔枝龙眼科技（1）：15-18.

庄伊美，王仁玑，吴可红，等.1989.红壤荔枝园土壤化学性状与酶活性相关性研究［J］.热带地理，9（3）：249-256.

庄伊美，王仁玑，谢志南，等.1988.兰竹荔枝叶片与土壤常量元素含量年周期变化的研究［J］.亚热带植物通讯，17（1）：1-7.

庄伊美，王仁玑，谢志南，等.1994.福建丰产荔枝园土壤微量元素含量的研究［J］.热带亚热带土壤科学，3（4）：199-205.

庄伊美，王仁玑，谢志南，等.1994.福建南亚热带丰产果园土壤微量元素含量的研究［J］.亚热带植物通讯，23（1）：1-7.

庄伊美.1991.试论亚热带红壤果园土壤改良熟化［J］.热带地理，11（4）：320-327.

Koen T J，Langenegger W，Smart G.1981.Nitrogen fertilization of litchi trees［J］.Inf. Bull. Citrus Subtrop. Fruit Res. Inst.，107：9-11.

Menzel C M，Carseldine M L，Simpson D R.1988. Crop development and leaf nitrogen in lychee in subtropical Queensland［J］.Aust. J. Exp. Agric，28（6）：793-800.

Menzel C M，Haydon G F，Simpon D R.1992. Mineral nutrient reserves in bearing litchi trees［J］.The Journal of Horticultural Science，67（2）：149-160.

Menzel C M，Simpson D R，Carseldine M L et al.1992. A review of existing and proposed new leaf nutrient standards for lychee［J］.Scientia Horticulturae，49（1-2）：33-53.

Menzel C M，Simpson D R.1987. Lychee nutrition：a review［J］.Scientia Horticulturae，31（3-4）：195-224.

Menzel C M.1994. Time of nitrogen application and yield of Bengal lychee on a Sandy loam soil in subtropical Queensland［J］.Aust. J. Exp. Agric.，34（6）：803-811.

第二章

龙眼营养与施肥

第一节　龙眼的营养特性

龙眼原产于我国，是典型的亚热带名贵长寿果树，其树龄常达数百年，植株的经济寿命为数十至上百年。在整个生命周期中经历生长、结果、盛果、衰老和更新阶段，且具有不同的营养特点。

龙眼对土壤适应性颇强，除部分种在平地和冲积地外，大多分布在低缓丘陵地，其土壤多属赤红壤或红壤。此类土壤具深度富铝化特征，表现出酸、瘠、结构差、水土冲刷等。龙眼对丘陵红壤的适应性颇强，但其土壤条件的优劣与生长结果关系密切。

龙眼是常绿大型乔木，周年多次抽梢和生长根系，但挂果期仅4～5个月，故有利于树体养分的积累。亚热带气候的季节性变化也影响到龙眼不同物候期对养分的需求。

与其他高产稳产的果树相比，龙眼属较低产和大小年结果现象较为严重的果树。除生物学及气候因素外，与生产上普遍存在的管理较为粗放有关，特别是忽视园地土壤的定向培肥。许多研究指出（庄伊美，1991），加强土壤培肥管理，不仅可促进根系生长，增强树势，改善树体营养状况，保持植株营养枝和结果枝数量上的相对平衡，而且可明显提高果实产量和品质。

龙眼属当年花芽分化、开花结果的类型，花序从结果母枝顶芽或其下数节腋芽抽生，花芽形态分化期为1月中下旬至4月底。其花型主要有雄花、雌花两种，且花量甚多，单一花序的花朵数百至数千，故消耗养分量亦大。实践证明，在培肥管理正常的条件下，树势和结果母枝壮实者，雌花比例增高，坐果率和产量均提高。

龙眼成年植株根系深达 2～5m，水平根扩展为树冠的 1～3 倍；大部分吸收根分布在 10～100cm 土层范围内，并以 50cm 以内为多；其吸收根具内生菌根，这些菌根有利于矿质营养和水分的吸收，可增强树体对土壤的抗逆性，尤其有利于磷素的利用。

一、龙眼生长发育所需的营养元素及其功能

(一) 氮

氮素是构成生命物质的重要元素，亦是影响植株代谢活动和生长结果的主要元素，它是氨基酸、酶、辅酶、核酸、磷脂、叶绿素、激素、维生素等的重要成分。植株中的大量氮素以有机态存在，在根部有极少量的铵态氮和硝态氮。龙眼叶片和花朵含氮量甚多，故抽梢及花朵发育消耗较多的氮。据王仁玑等（1987）报道，丰产'福眼'夏梢叶片氮素含量为 1.688%～1.890%，为五大元素含量之首。戴良昭（1999）的研究与上述一致，龙眼花器的氮含量为 2.366%，仅次于钾的含量。因此，龙眼需氮量较大，氮素充足则根系和枝叶生长健壮，叶色浓绿，开花结果正常，产量高，品质好。缺氮时，老叶变黄，叶片薄，果实小；严重缺氮时，叶脉扭曲，叶小，提早落叶，影响开花结果。氮素过量时，叶片含量大于 2%，会出现营养生长过旺，枝梢抽生过多、徒长，从而影响开花结果及果实品质。

(二) 磷

磷是构成生命物质的关键元素之一，是磷脂和核酸的必要成分，亦是许多辅酶的组分；磷在光合作用、呼吸作用中起重要作用，在氮素代谢过程中亦不可缺少；同时，磷还是构成三磷酸腺苷（ATP）的重要成分，ATP 是生命活动的直接能源。龙眼花器原始体发育初期及开花授粉前后，吸收磷最多；在花、种子、新梢及新根等生长活跃部位，磷大量积累。黎光旺等（2003）指出，'石硖'

龙眼生理落果期结果母枝叶片含磷量比花芽分化期下降 21.43%，以后逐渐积累增加。说明龙眼花器长成和开花结果消耗大量的磷，其他的生长发育期则需磷较少。因此，适当供磷可促进根系、新梢生长及花芽分化，提高坐果率和产量。龙眼缺磷，叶片变小，叶面稍皱缩，叶片稍粗硬；根系生长不良，新根细短；花芽形成受阻，产量、品质下降。

(三) 钾

钾是正常生理活动的必要元素。它参与物质运转，调节水分代谢；是多种酶的活化剂，在碳水化合物、蛋白质、核酸等代谢过程中起重要作用。在植株中，钾以离子状态存在，且具有高度移动性，其芽、嫩叶、根尖等富含钾，故与细胞分裂、生长关系密切。龙眼花器和果实含钾量很高，据戴良昭（1999）报道，'福眼'龙眼花器含钾量比叶片高 4.9 倍，果实含钾量比叶片高 2.4 倍。'石硖'龙眼在花芽分化至采果后，其结果母枝叶片含钾量不断下降（黎光旺等，2003），其中生理落果期比花芽分化期下降 21.81%，采果后比生理落果期下降 25.55%。说明龙眼开花和果实生长发育消耗大量钾。龙眼缺钾，叶片褪绿，叶小，生长缓慢，且出现落叶，根系生长受阻。

(四) 钙

钙是构成细胞壁中胶层的重要成分；能维持染色体和膜的结构；是分生组织继续生长所必需的，缺钙则细胞分裂受阻；钙又是多种酶和辅酶的活化剂；它还能促进光合产物运转，防止金属离子毒害，延缓植株衰老；此外，钙还能调节土壤酸度，改善土壤理化性状。龙眼植株吸收钙素较多，且大部分存在叶内，因钙在体内不易移动，故老叶含钙量高。陈立松等（1998）研究表明，钙可以减缓龙眼渗透胁迫引起的叶绿素含量下降和过氧化作用。据施清等（2003）报道，占调查的福建龙眼果园 26%～28% 的园地叶片钙含量偏低。龙眼缺钙症状首先出现在新叶，表现为叶片小，叶缘干枯，落叶严重，根系生长很差，坐果少，产量低。张发宝等（2000）的试验指出，与适宜施肥处理相比，缺钙处理减产 22.4％。

（五）镁

镁是构成叶绿素的核心成分，与植株同化有关，又是多种酶的活化剂，且能维持核糖体和原生质膜的结构。镁还能参与三磷酸腺苷、卵磷脂、核蛋白等含磷化合物的生物合成。福建龙眼园土壤普遍缺镁，据施清等（2003）调查，占 38％～46％样本园的土壤代换性镁含量偏低。龙眼缺镁症状始见于中下位复叶，同一复叶则是基部小叶症状较上部小叶重，叶片的叶脉绿色，叶肉黄化，中脉附近的叶色不褪绿，形成一条狭长的绿色；缺镁严重时，叶尖坏死，叶片出现坏死斑，叶片脱落李延等（2001），根系生长受阻，根数量减少（王仁玑等，1987）。洪家胜等（1998）报道，'储良'龙眼秋梢叶片含镁量 0.18％～0.25％有利于成花。

（六）硫

硫是胱氨酸、半胱氨酸和蛋氨酸等氨基酸的成分。植株的呼吸作用、细胞内的氧化还原过程均与硫的关系密切。硫还构成辅酶 A 的官能基（-SH），参与氨基酸、脂肪、碳水化合物的合成和转化。植株以硫酸根离子在体内移动，然后形成含硫氨基酸，进而合成蛋白质。因此，硫易积聚在蛋白质合成旺盛的器官（如新叶、新根）。缺硫时，会影响氮的代谢，蛋白质合成受阻，新根、新叶生长不良，从而影响开花结果。据报道，广东龙眼园土壤速效态硫含量 2.2～81.5mg/kg，低于临界值（12 mg/kg）的土样占 33％。洪家胜等（1998）指出，广东'储良'龙眼秋梢叶片硫含量 0.095％～0.115％有利于成花。

（七）锌

锌与色氨酸的形成关系密切，而色氨酸又是合成吲哚乙酸所必需的，故锌对植株的生长发育有明显作用。锌与 RNA 代谢有密切关系，可通过 RNA 代谢影响蛋白质的合成。锌与碳酸酐酶活性有关，对光合作用有一定的影响。此外，锌还是脱氢酶、己糖激酶、黄素激酶等的活化剂。缺锌时，叶绿体受损，叶片斑驳，叶片变小，开花结果受到影响。福建龙眼园土壤有效锌含量普遍较低，

50%～54%的样本含量偏低（施清等，2003）。据张发宝等（2000）报道，与平衡施肥相比，缺锌处理减产 12.2%。

（八）硼

硼参与植株中糖的运转和代谢。它存在于细胞膜或其他膜结构中，可促进糖的运转；硼可提高尿苷二磷酸葡糖焦磷酸化酶活性，从而促进蔗糖及果胶等多糖的合成；并可作葡萄糖代谢中的调节剂。它有助于叶绿素的形成、光合作用的进行以及输导组织的正常发育，明显影响分生组织的活动，与生长和细胞分裂关系密切，并显著影响花果、种子的发育，对花粉萌发、受精、坐果有重要作用。南方亚热带红壤普遍存在缺硼现象，据施清等（2003）分析，福建龙眼园 42%～72%的土壤样本水溶性硼含量偏低，倘不采取矫治缺硼措施，将明显降低产量。张发宝等（2000）的试验表明，与平衡施肥处理比较，缺硼处理减产 12.8%。

（九）铁

铁是叶绿体蛋白合成的必要元素，是形成叶绿素所必需的。铁蛋白在电子传递与氧化还原反应中起重要作用。铁参与酶的活动，是细胞色素、接触酶、过氧化物酶等含铁酶的组分，与植株的氧化还原、呼吸、光合作用以及氮素代谢有重要关系。此外，树体缺铁会导致脱氧核糖核酸含量降低和氨基酸代谢失调。缺铁先是新叶失绿黄化，而后老叶黄化、枯死，严重缺铁枝条枯死。土壤过量施用石灰或过磷酸盐，会导致植株缺铁。

（十）锰

叶绿体含有较多的锰，它直接参与光合作用的光反应过程。锰是树体内重要的氧化还原剂，控制着氧化还原体系；亦是数种酶的活化剂（如己糖磷酸酶、烯醇化酶、异柠檬酸脱氢酶、α-酮戊二酸脱氢酶、柠檬酸合成酶、硝酸还原酶等），故与植株呼吸作用有密切关系，与硝酸还原作用也有一定关系。缺锰会影响叶绿素的形成，使叶片失绿，严重时发生落叶。锰过量亦会造成叶片失绿，甚至落叶。通常，果园土壤酸化是引起锰过量的重要因素；然而，庄伊美等（1993）的调查报告指出，福建龙眼主产区的土壤代换态锰多数偏低（平均 1.5mg/kg），易还原锰含量亦偏低（平均 83.4 mg/kg），此与闽南土壤母质以花岗岩为主以及土壤淋溶、管理失调有关。施清等（2003）亦报道，福建龙眼调查区有 54%～71% 样本的土壤代换态锰及 41%～60% 样本的土壤易还原锰含量偏低。因此，酸性红壤龙眼园的缺锰问题应引起重视。洪家胜等（1998）认为，广东'储良'龙眼叶片锰含量多在 40mg/kg 以上有利于植株成花，并指出，缺锰是'储良'龙眼难以成花的重要原因之一。

（十一）铜

铜是树体多种氧化酶的成分，铜酶系统是植物呼吸作用末端氧化过程中复杂的氧化酶系统之一，它参与呼吸作用。植株的含铜蛋白在光合作用过程中起电子传递作用。铜和叶绿素生成有一定关系。此外，铜对氮素代谢亦有影响。缺铜时，叶绿素形成受阻，叶片黄化，严重时枝条死亡。庄伊美等（1993）报道，闽南大部分龙眼园土壤有效铜含量处于低水平（平均 1.2 mg/kg），似与成土母质含铜量低、土壤淋溶明显有关。施清等（2003）的调查结果与上述报告一致，占 81.5%（1998 年及 1999 年平均）龙眼园样本土壤有效铜含量偏低。

（十二）钼

钼是构成硝酸还原酶的成分，能促进硝酸还原成氨，有利于氨基酸和蛋白质的合成。钼还会影响植株中抗坏血酸的含量，且与磷素代谢有密切关系。此外，钼与叶绿素含量、吲哚乙酸氧化酶的形成有一定关系。缺钼会引起树体硝态氮过多积累而受害，并减少抗坏血酸含量，减弱呼吸作用，树体抗逆性下降。据王仁玑等（1993）调查，福建龙眼园土壤有效钼含量颇为丰富（平均 0.42 mg/kg）。

（十三）氯

氯在光合的放氧过程中是必需的，是光合作用中水分子分裂反应的一种酶的活化剂。根据氯对希尔反应的影响，确定氯的作用点在光体系 II 上，它作用于光体系 II 的氧化一侧，接近水裂解的一端。氯亦与气孔开张有关。氯对养分吸收起促进和调节作用。据许文宝等（1999）调查，福建龙眼园土壤氯含量为 17.0～103.8 mg/kg（平均 29.3 mg/kg），叶片氯含量为 0.008％～0.095％，平均为 0.026％。总体看，龙眼园氯素水平并不高。

二、龙眼树体的矿质营养成分

（一）根系矿质营养成分

龙眼根系主要作用是吸收土壤养分和水分，但其根系的矿质养分含量却较低。据戴良昭（1991）对'福眼'龙眼根系的氮、磷、钾元素的分析，根系含氮量为 0.518％，比叶片低 65.4％；含磷量为 0.103％，比叶片低 30.9％；含钾量为 0.234％，比叶片低 55.3％。其根系氮、磷、钾含量在龙眼各器官中各元素含量的比例分别为：氮占 15％，磷占 18％，钾仅占 7％。由此可见，钾在根系中储存较少。

龙眼根系氮、磷、钾元素含量，在结果的大小年表现也有差异。据戴良昭（1991）对'福眼'龙眼大小年根系元素含量的研究（表 2-1），由于大年养分主要供给开花和结果，故春梢期—开花期根系养分含量处于全年最低值。而小年养分主要供给枝梢生长，在春梢期—开花期根系含氮、钾量最高，含磷量则在抽夏秋梢期最高。

表 2-1　'福眼'龙眼大小年根系不同物候期养分含量（％）

元素	花芽生理分化期		花芽形态分化—春芽前		春梢期—开花期		果实增长成熟期（抽夏秋梢）	
	大年	小年	大年	小年	大年	小年	大年	小年
N	0.518	0.485	0.503	0.482	0.451	0.589	0.598	0.519
P	0.098	0.110	0.128	0.108	0.079	0.082	0.104	0.117
K	0.413	0.331	0.444	0.367	0.203	0.384	0.221	0.231

接种丛枝菌根真菌（AM 真菌）能显著促进'石硖'龙眼实生苗的生长。盆栽实验结果表明（姚青等，2005），接种处理 6 个月后，植株根系侵染率达 38.9％，菌根依赖性为 41.7％，从表 2-2

可见，接种后，植株吸氮量大幅增加，菌根植株的吸氮量约为非菌根植株的两倍；根系及地上部含磷量也因接种 AM 菌根而显著提高，相应地，接种 AM 真菌比不接种 AM 真菌的植株吸磷量增加两倍多。

表 2-2 接种 AM 真菌对'石硖'龙眼实生苗氮、磷营养的影响

处理	地上部含 N 量（%）	根系含 N 量（%）	吸 N 量（mg/株）	菌根贡献率（%）
对照	1.82±0.11	1.12±0.09	71.8±13.7	—
接种	1.99±0.13	1.17±0.12	142.5±18.8	47.0±6.8
显著性检验	NS	NS	$P<0.01$	
处理	地上部含 P 量（mg/g）	根系含 P 量（mg/g）	吸 P 量（mg/株）	菌根贡献率（%）
对照	1.59±0.14	1.57±0.16	7.21±1.78	—
接种	1.99±0.17	1.94±0.23	17.30±4.20	61.9±9.0
显著性检验	$P<0.05$	$P<0.05$	$P<0.01$	

注：NS 表示不显著。

（二）叶片矿质营养成分

王仁玑等（1987）报道，'福眼'龙眼夏梢叶片含 N 1.710%～1.774%，P 0.107%～0.136%，K 0.472%～0.559%，Ca 1.077 %～1.124%，Mg 0.165%～0.244%，养分含量顺序为 N＞Ca＞K＞Mg＞P。庄伊美等（1995）对'水涨'龙眼秋梢叶片进行的分析表明，其叶片含 N1.600%～1.742%，P 0.119%～0.168%，K 0.637%～0.779%，Ca 1.161%～1.589%，Mg 0.142%～0.209%，Cu 5.87～7.02mg/kg，Zn18.26～24.72mg/kg，Mn 53.59～147.75mg/kg，Fe 41.70～52.03mg/kg，B 18.61～22.22mg/kg。陈有志等（2002）对广西'乌园'龙眼秋梢叶片矿质养分的分析表明，其叶片含 N 1.82%～1.95%，P 0.13%～0.16%，K 0.59 %～0.72%，Ca 0.94 %～1.82 %，Mg 0.20%～0.24%，Cu 5.84～8.70mg/kg，Zn 17.52～23.53mg/kg，Mn 42.06～89.70mg/kg，Fe 120.40～157.30mg/kg，B

12.50～26.10mg/kg。陈氏还对'乌园'龙眼冬梢及冲梢叶片进行分析，结果表明，冬梢叶片 N、Ca 积累不充分，其 N 含量1.43%，Ca 含量 0.12%；而冲梢树叶片 N 含量比正常开花树高17.36%（差异极显著），而 P、K 分别低 17.2% 及 11.1%，表明叶片 N 含量过高是导致冲梢的主因之一。黎光旺等（2003）的研究表明，'石硤'龙眼结果母枝叶片矿质营养不同物候期含量有所变化，采果后经修剪，促梢形成新的结果母枝，自花芽分化期各种营养元素充分积累。花芽分化期至采果期需消耗叶片较多的 K、N、P，而对 Mg 和 Ca 消耗量相对较少。据刘星辉等（1986）对'乌龙岭'、'福眼'、'东壁'龙眼夏梢叶片进行的分析，这三个品种叶片含 N 1.419%～1.701%，P 0.121%～0.188%，K 0.629%～0.678%，Ca 1.50%～3.25%，Mg 0.162%～0.276%，Cu 6.2～12.7mg/kg，Zn 17.8～72.5mg/kg，Mn 29.5～145.8mg/kg，Fe 28.0～85.8mg/kg，B 10.1～43.3mg/kg。总体而言，龙眼营养枝叶片养分含量比结果枝的高，前者 N 含量比后者高 31.9%，P 含量高 17.3%，K 含量高 36.0%，Mg 含量高 4.7%，但 Ca 含量低 30.7%。

（三）花果矿质营养成分

龙眼花器 N、P、K 含量最高。据戴良昭（1991）报道，'福眼'龙眼花器含 N 量 2.366%，含 P 量 0.270%，含 K 量3.579%；与叶片养分含量相比，花器含 N 量高57.8%，含 P 量高81.0%，含 K 量高 493.7%。花器 N、P、K 比值为 1∶0.11∶1.51。可见，龙眼开花消耗大量 N、P、K 营养，尤其 K 最多。而许秀淡等（1996）对'立冬本'龙眼雌雄花养分含量的分析表明，其雌花含 N 量 1.82%，含 P 量 0.28%，含 K 量 0.95%；雄花含N 量 1.75%，含 P 量 0.28%，含 K 量 1.03%。

龙眼果实营养成分的含 K 量最高，其次是含 N 量。据郑桂水（1992）报道，'乌龙岭'龙眼的成熟果实元素含量的相对顺序为：K＞Ca＞N＞P＞Mg＞Na＞Fe＞B＞Zn＞Cu＞Mn（表2-3）。

表 2 - 3　'乌龙岭'龙眼果实养分含量（占干重）

元素	N	P	K	Ca	Mg	Fe	Mn	Zn	Cu	Na	B
含量	0.628	0.160	1.156	1.073	0.087	36.8	8.9	12.0	10.5	37.8	20.3

注：N、P、K、Ca、Mg 含量单位为%，Fe、M、Zn、Cu、Na、B 含量单位为 mg/kg。

据戴良昭（1991）对'福眼'龙眼成熟果实的分析，其含 N 量 0.740%，含 P 量 0.169 %，含 K 量 1.738%。苏宾等（2001）对'大乌圆'、'石硖'、'储良'龙眼果实进行的分析表明，其果实含 N 量 0.80%～1.32%，含 P 量 0.11%～0.15%，含 K 量 1.07%～1.70%。许秀淡等（1996）报道，'立冬本'龙眼果实营养成分（表 2 - 4），每 100kg 含 N 1.059kg，含 P 0.091kg，含 K0.891 kg，含 Ca 0.305 kg，含 Mg 0.059kg；而'苗翘'龙眼果实每 100kg 含 N 0.757kg，含 P 0.085kg，含 K1.117 kg，与'立冬本'龙眼品种不同，其果实含 K 量最高，据许氏分析，主要是'苗翘'果实的果肉占全果比例较高，而 K 在果肉中占的比例又最大。

三、龙眼树体矿质元素含量的季节性变化

（一）叶片矿质营养元素含量的年周期变化

庄伊美等（1984）的研究指出，'赤壳'龙眼夏梢叶片常量元素含量年周期变化曲线季节性显著差异（图 2 - 1）。

其叶片 N、P、K 含量随叶龄增加呈下降趋势，而叶片 Ca、Mg 含量随叶龄增加而上升。叶片含 P 量的变化两年间稍有差异。此外，叶片元素含量年份间有一定差异，两年间因单株产量大小年差异明显（1981 年平均 118.5kg/株，1982 年平均 25.0kg/株），总体看，大年（1981 年）各元素含量低于小年（1982 年），其中，仅叶片 Ca 含量例外，此或与 Ca 在叶片内急剧积累，而又未受果实负荷的影响有关。

表2-4 晚熟龙眼果实矿质营养的分配

品种	部位	50kg果实含量 (kg)					各元素在果实各部位组织内的分配比例 (%)					果实各部位三要素比例 (%)		
---	---	N	P	K	Ca	Mg	N	P	K	Ca	Mg	N	P	K
'立冬本'	果皮	0.111 3	0.011 4	0.064 8	0.130 7	0.013 2	33.74	35.97	27.79	88.34	54.21	59.48	5.94	34.58
	果肉	0.244 6	0.023 3	0.327 1	0.008 7	0.008 6	24.77	25.08	46.83	1.93	11.76	41.11	3.91	54.98
	果核	0.173 6	0.010 9	0.053 5	0.013 0	0.007 5	41.49	38.94	25.38	9.73	34.03	65.75	5.79	28.46
	合计	0.529 5	0.045 6	0.445 4	0.152 4	0.029 3	100	100	100	100	100			
	总计 (N, P, K) 1.020 5													
'苗翘'	果皮	0.074 4	0.008 6	0.047 0			36.58	26.72	22.33			57.23	6.61	36.16
	果肉	0.207 8	0.018 0	0.453 2			26.80	35.11	56.31			29.51	6.13	64.36
	果核	0.096 3	0.015 9	0.058 2			36.62	38.17	21.36			56.32	9.32	34.16
	合计	0.378 5	0.042 5	0.558 4			100	100	100					
	总计 (N, P, K) 0.979 4													

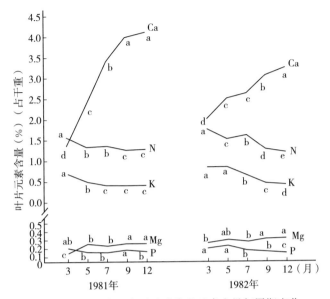

图 2-1　'赤壳'龙眼叶片常量元素含量年周期变化

注：同年份各元素含量平均值，系根据新复极差测验，注有不同英文字母者，表示差异达5%显著水平。

据刘星辉等（1986）报道，供试品种为'乌龙岭'、'油潭本'、'福眼'、'东壁'，分别于果实成熟期（9月），花芽分化期（1月），开花期（5月），采集夏梢叶片进行分析。结果表明，叶片含N量以9月最高，1～5月含N量明显下降，5月以后又急剧回升。叶片含P、K量各品种间有所差异，但均以9月含量最高，1月叶片含P、K量降低，此后叶K降低缓慢，而叶P却略有上升。叶片含Ca量变化则相反，以9月含量最低，而后随叶龄增长而增加。叶片含Mg量以5月含量较高，以后略有下降。

黎光旺等（2003）对广西'石硖'龙眼结果母枝叶片大量元素含量的年周期变化进行研究，结果表明，叶片含N量从花芽分化至果实采收不断下降，其中生理落果期比花芽分化期下降9.56%，采果后比生理落果期下降18.72%。叶片含P量，生理落果期比花芽分化期下降21.43%，以后逐渐积累增加。叶片含K量，花芽分化期至采果后不断下降，其中生理落果期比花芽分化期下降 21.81%，采果后比生理落果期下降 25.55%。叶片含 Ca 量则随着叶龄增加而增高。叶片含 Mg 量也是随着叶龄增加而增高。

刘星辉等（1986）针对龙眼不同物候期夏梢叶片元素含量与产量的相关性进行分析（表 2-5），结果表明，各品种 1 月叶片含 N 量均与当年产量呈极显著正相关，而 9 月叶片含 N 量则与当年产量无相关性。叶片含 K 量，9 月含量与当年产量呈极显著或显著负相关，1 月含 K 量与当年产量无相关性。叶片含 Mg 量，1 月或 9 月均与当年产量呈显著或极显著正相关。此外，叶片含 P、Ca 量与产量无相关性。

表 2-5　龙眼不同物候期叶片元素含量与产量的相关性

元素	品种	相关系数		
		1 月与当年产量	9 月与当年产量	9 月与翌年产量
N	'乌龙岭'	0.924 8**	−0.698 1	0.448 7
	'东壁'	0.824 2**	−0.395 3	0.328 9
	'福眼'	0.820 0**	−0.265 5	0.148 6
P	'乌龙岭'	0.318 8	−0.644 8	0.282 2
	'东壁'	0.377 8	0.551 2	0.558 5
	'福眼'	0.111 2	−0.448 0	−0.350 3
K	'乌龙岭'	−0.280 5	−0.714 7*	−0.426 1
	'东壁'	−0.209 7	−0.848 5**	−0.414 0
	'福眼'	−0.357 0	−0.910 7**	−0.639 9
Ca	'乌龙岭'	0.463 1	0.205 4	0.321 7
	'东壁'	0.324 8	0.501 4	0.488 2
	'福眼'	0.387 0	0.494 4	0.326 3
Mg	'乌龙岭'	0.692 8*	0.938 8**	0.251 8
	'东壁'	0.972 4**	0.685 9*	0.623 5
	'福眼'	0.744 7**	0.770 2**	0.233 4

注：供试样本数 $n=12\sim33$；* 表示达 0.05 显著水平，** 表示达 0.01 显著水平。

（二）果实矿质元素含量的年周期变化

许秀淡等（1996）对晚熟龙眼'立冬本'果实养分的分析表明（图2-2），开花期对N、P、K的需求达第一次高峰；开花期后，由于养分的大量消耗，叶片N含量迅速下降，至花后40天，叶片N含量降至低谷。当果幼胚形成初期，果实营养水平最低（N 0.88%、P 0.18%、K 0.80%），而叶片N含量有所回升。以后由于种子内子叶的快速增大和干物质的不断积累，假种皮迅速生长，果实对N、P、K需求量迅速上升，'立冬本'花后120天，果实对N、K的需求量达到高峰；而'苗翘'花后105天达到高峰。两个品种对K的需求量均超过N。上述表明，'立冬本'果实发育过程中，对N、P、K的需求有两次高峰，分别出现在开花期和果肉迅速生长期。因此，生产上应重视这两个时期的施肥。但果实不同发育阶段，养分需求有所差异，开花至幼果期，果实三要素中以N需求量最高，而假种皮迅速生长期，需K量超过需N量。

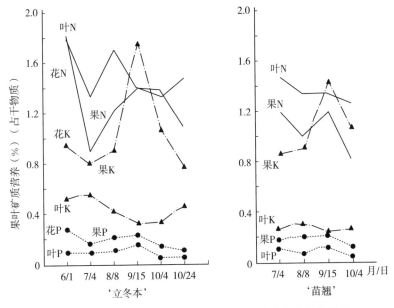

图2-2　'立冬本'、'苗翘'果实、叶片矿质营养变化规律

四、土壤养分含量的年周期变化及土壤肥力演变

(一) 土壤养分含量的年周期变化

庄伊美等（1984）对'赤壳'龙眼园土壤有效养分含量及 pH 的年周期变化进行了研究（图 2-3、图 2-4），总体看来，两年各采样期土壤测定值有许多显著差异，但也有一些项目的测定值无季节性显著差异，此与叶片元素含量年周期变化特点有所不同。其次，两年测定值的曲线表明，年份间差异较大。土壤碱解 N 含量存在季节性变化，特别是上层土壤显示出春夏上升，夏秋下降的趋势；土壤有效 P、速效 K 含量的季节性消长则不及 N 明显；土壤交换性 Ca、Mg 含量，除 1981 年上层略有差异外，其余曲线差异不明显。此外，土壤 pH，无论土壤上层或下层，均呈现明显的季

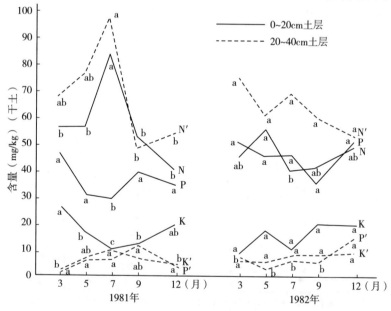

图 2-3　'赤壳'龙眼土壤碱解 N 及有效 P、速效 K 含量年周期变化

注：同年份各元素含量平均值注有不同英文字母，表示达 5% 显著水平。图 2-4 同。

节性变化，说明土壤活性酸在年周期中易受诸多因素的影响。统计分析表明，'赤壳'龙眼叶片元素含量与土壤有效养分间的年周期变化相关性相当复杂，在该试验条件下约有 1/3 达到明显相关（表2-6），且此种相关年份间有所不同。

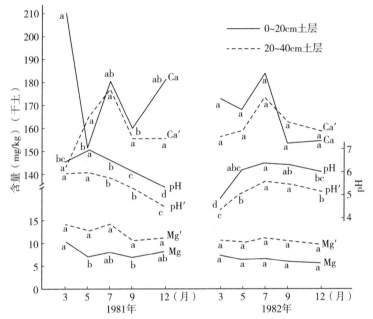

图 2-4　'赤壳'龙眼土壤交换性 Ca、Mg 及 pH 年周期变化

表 2-6　叶片元素含量与土壤有效养分含量年周期变化的相关性

相关因子	相关系数（r）	
	1981	1982
叶片 N 与土壤（上层）N	0.410 6	−0.143 7
叶片 N 与土壤（下层）N	0.473 9	0.954 0*
叶片 P 与土壤（上层）P	0.385 3	0.748 6
叶片 P 与土壤（下层）P	0.298 9	0.878 7*
叶片 K 与土壤（上层）K	0.757 7	−0.659 9
叶片 K 与土壤（下层）K	−0.536 1	−0.934 2*

（续）

相关因子	相关系数（r）	
	1981	1982
叶片 Ca 与土壤（上层）Ca	−0.441 9	−0.665 9
叶片 Ca 与土壤（下层）Ca	0.333 3	0.161 5
叶片 Mg 与土壤（上层）Mg	−0.857 0[+]	0.885 1[*]
叶片 Mg 与土壤（下层）Mg	−0.822 8[+]	0.838 3[+]

注：[*] 表示 $P=0.05$，$r=0.878\ 3$；[+] 表示 $P=0.1$，$r=0.805\ 4$。

因此，在实施营养诊断指导施肥时，应以叶片分析结合必要的土壤分析，才能获得理想效果。

（二）土壤 pH、有机质含量与有效养分含量的相关性

也已证明，果园土壤 pH 与有效养分含量有一定的相关性。王仁玑等（1993）及谢志南等（1997）研究表明，龙眼土壤 pH 与 12 个有效养分中的 9 个相关，均存在 1 种、2 种或 3 种类型（即线性函数 R1，指数函数 R2 及幂函数 R3）的相关系数达显著或极显著水平，说明龙眼园土壤 pH 对有效养分含量的影响较大（表 2−7）。

表 2−7　龙眼园土壤 pH（X）与有效养分
含量（Y）不同函数类型的相关系数

函数类型	代换态 Mn	易还原态 Mn	交换态 Ca	交换态 Mg	有效态 Fe	有效态 Mo
R1	−0.446 **	0.491 **	0.747 **	0.447 **	0.015	0.190 *
R2	−0.597 **	0.450 **	0.604 **	0.434 **	0.005	0.239 **
R3	−0.601 **	0.452 **	0.592 **	0.417 **	0.002	0.228 *

函数类型	有效态 Cu	有效态 Zn	水溶态 B	碱解 N	有效 P	速效 K
R1	0.077	0.333 **	0.329 **	0.167	0.024	0.373 **
R2	0.106	0.164	0.258 *	0.188 *	0.020	0.318 **
R3	0.102	0.211 *	0.369 **	0.120	0.026	0.301 **

注：R1 为线性函数，R2 为指数函数，R3 为幂函数；*、** 分别表示达 0.05、0.01 显著水平，$n=120$。

从该研究的相关分析看，龙眼园土壤碱解 N、速效 K，交换态

Ca、Mg，有效态 Zn、Mo，易还原态 Mn 和水溶态 B 含量随 pH 上升而增加；而代换态 Mn 则随随 pH 上升而减少。

土壤有机质含量是评价土壤肥力水平的重要指标，诸多研究证实，有机质含量对土壤有效态养分含量存在明显影响。谢志南等 (2001) 的研究表明，龙眼园土壤（$n=315$）有 12 个项目（除代换态 Mn 外）养分含量，分别与土壤有机含量存在显著或极显著正相关（表 2-8），说明龙眼园土壤有机质含量与有效态养分含量有密切的关系。从而也显示出亚热带果园增施有机肥的重要作用。

表 2-8　龙眼园土壤有机质含量与有效态养分含量的相关性（相关系数 r）

pH	全 N	碱解 N	有效 P	速效 K	交换 Ca	交换 Mg
0.266**	0.342**	0.467**	0.217**	0.233**	0.361**	0.138**

有效 Cu	有效 Zn	有效 Fe	交换 Mn	易还原 Mn	水溶 B	
0.340**	0.434**	0.294**	−0.014	0.162**	0.190**	

注：*、** 分别表示达 0.05、0.01 显著水平，$n=315$。

（三）土壤肥力的演变过程

庄伊美等 (1991；1989) 对龙眼园土壤肥力演变以及土壤养分含量与酶活性相关性进行了研究，提出红壤龙眼园土壤肥力的演变大致有两种类型：①实行合理的土壤培育途径，果园土壤养分含量与酶活性基本上随垦殖年限的延长而提高，且养分含量与酶活性的变化较为协调，土壤肥力的演变趋势为：成年园（七十至八十年生）≥青年园（十二至十五年生）≥荒地。②土壤肥培管理粗放，尤其是成年园，导致土壤养分含量及酶活性并非随垦殖年限的延长而提高，且出现成年园土壤肥力趋于下降的状态。这是造成龙眼低产、不稳产的主要因素之一。该项研究结果还表明，龙眼园多项土壤酶活性与全量养分含量（P、N、C）显著相关，诸如，土壤全 P 含量与酸性、中性磷酸酶活性间相关系数大多数达极显著水平。而土壤酶活性与速效养分含量也具有一定的相关性，例如表层土壤速效 P 含量分别与酸性、中性磷酸酶活性的相关性密切，且大多数达显著或极显著水平。

第二节　龙眼的营养诊断

一、树体营养诊断

叶片分析是当今果树营养诊断的重要手段，它能及时反映植株的营养状况，为指导果园合理施肥提供科学依据。叶片分析的基本原理参见第一章荔枝。

（一）叶样采集与处理

采样前，必须对果园的基本状况进行必要的调查（包括土壤条件、树体生长结果状况、栽培特点、存在问题等），供叶片营养诊断的采样时期，以叶片养分含量变化较少的相对稳定期为宜。庄伊美等（1984）及刘星辉等（1986）的研究指出，龙眼叶片分析可于12月或翌年1月采集夏梢（或秋梢）营养枝顶端第2复叶的第2～3对小叶。为保证分析数据的可靠性，一般在特定果园中选择代表性植株20～25株，采用对角线或锯齿形采样为宜。于树冠外围各向，按上述梢别及采叶部位，采集正常小叶，混合样为100～200片。将叶片装入尼龙纱袋或纱布袋内，迅速送至实验室。如实验室不能及时处理，则需换上塑料袋，放在－5℃的冰箱里冷藏至洗涤。

叶样处理：采集的叶片先用中性洗涤剂（液体）配成0.1%的水溶液洗涤约30s，取出后尽快用清水冲洗，再用0.2%盐酸溶液洗涤约30s，然后用去离子水洗净（或先用蒸馏水，再用去离子水洗净），整个过程应迅速（不超过2min）。洗涤后的叶样放在浅皿中，置入鼓风烘箱（105℃）杀酶15min，然后再于65℃下烘干。干燥后的叶样可采用不锈钢粉碎机粉碎，经1mm孔筛过筛装入塑料瓶保存待分析（元素测定方法参见《柑橘营养与施肥》，庄伊美，1994，中国农业出版社）。

（二）叶片营养诊断标准

鉴于品种、立地条件、栽培等因素的差异，各地提出的叶片各元素含量的适宜标准不尽相同。据王仁玑等（1987）研究'福眼'龙眼叶片营养元素含量指出，同一品种的不同地区、不同年份的叶片常量元素含量存在较明显的差异，故在确定该品种适宜营养指标时，应采取多点、多株、多年的采样分析，并对所得的大量数值进行综合分析、处理，使所确定的营养适宜指标具有一定的适用范围。此外，刘星辉等（1986）亦曾报道过'乌龙岭'品种叶片元素含量的适宜水平，现列于表2-9供参考应用。

表 2-9　龙眼叶片营养元素含量适宜标准

元素	品种		
	'水涨'	'福眼'	'乌龙岭'
N	1.4～1.9	1.5～2.0	1.70～1.96
P	0.10～0.18	0.10～0.17	0.11～0.20
K	0.5～0.9	0.4～0.8	0.6～0.8
Ca	0.9～2.0	0.7～1.7	1.5～2.5
Mg	0.13～0.30	0.14～0.30	0.20～0.30
Cu	4～10		
Zn	10～40		
Mn	40～200		
Fe	30～100		
B	15～40		
引用文献	庄伊美等（1995）	王仁玑等（1987）	刘星辉等（1986）

注：N、P、K、Ca、Mg 单位为％，Cu、Zn、Mn、Fe、B 单位为 mg/kg。

二、土壤营养诊断

（一）土壤分析的基本原理及土样采集与处理

相关内容见第一章荔枝。

（二）土壤营养诊断标准

通过土壤分析，明确果园土样营养状况，并查明植株营养状况的土壤限制因子，是果树营养诊断的重要辅助手段。果园土壤营养诊断，通常是指土壤中各元素有效态含量的测定。由于土壤有效养分含量状况受诸多因素的影响，因此，在确定龙眼园土壤元素适宜指标时，必须注意：①采集土样的果园应有一定的代表性，包括生态条件、树体生长结果状况、田间管理水平等；②采用大样本采样法；③进行多点采样，且采样方法基本一致。庄伊美等（1989，1993，1994）在研究福建丘陵地龙眼园土壤元素适宜含量时，分别在 6 个主产县区采集土样，各县区选定盛果期代表性丰产园 5 片，每片园地选择生长较一致的植株 16 株，在株间树冠滴水线附近，采集土壤耕作层（0～40cm）土样，重复样品共 120 个（$n=120$）。通过较为系统的比较研究，提出龙眼园土壤元素含量的适宜指标（表 2 - 10）。此外，庄伊美等（1989）针对红壤龙眼园土壤化学性状与酶活性相关性进行研究，提出了衡量龙眼园土壤良好熟化水平的养分含量及酶活性指标，其中土壤酶活性的适宜指标为：酸性磷酸酶（酚）＞0.30mg/g，转化酶（还原糖）＞5.00mg/g，蛋白酶（NH_2）＞0.15mg/g〔注：以上酶活性，以单位重量土壤（1g）酶促反应产物的数量（mg）表示〕，以上指标也可作为红壤龙眼园土壤改良的参数。

表 2 - 10　龙眼园土壤元素含量的适宜标准（速效养分含量）（mg/kg）

元素	适宜标准	元素	适宜标准
pH	5.5～6.5	有效铁	20～60
有机质（％）	1.0～2.0	有效锌	2～8
全氮（％）	＞0.05	有效锌	2～8
碱解氮	70～150	代换性锰	1.5～5.0
有效磷	10～30	易还原锰	80～150
速效钾	50～120	有效铜	1.2～5.0
代换性钙	150～1 000	水溶性硼	0.40～1.10
代换性镁	40～100	有效钼	0.20～0.35

第三节　龙眼的合理施肥与营养失调矫治

一、施肥量及比例

（一）确定施肥量的依据与方法

由于龙眼产区环境因素的多样性以及龙眼树体营养特性的复杂性，因此难于确定统一的施肥标准。但是，一般可以树体形成一定产量所需的养分量作为估算施肥量的基本依据。从而求得适合于某一品种不同产量水平的合理施肥量。龙眼施肥量的确定方法，主要有理论计算（养分平衡法）和田间试验。

1. 理论计算　此法是根据龙眼植株需肥量与土壤供肥量之差，计算出目标产量的施肥量。首先应测出植株各器官每年从土壤中吸收的各营养元素总量，减去土壤天然供给量，再除以肥料利用率，由此则求出各元素的施肥量。此法是由著名土壤化学家 Truog 于 1960 年首次提出的，并为 Stanford 所发展并试用于生产实践。计算公式如下：

某营养元素的施用量 ＝（植株全年吸收量－土壤天然供给量）/肥料利用率

全年植株吸收量是指新叶、新梢、枝干增大、新根及果实全年吸收量。植株对各营养元素的吸收量，因品种、树龄、器官间年生长量的不同而异。根据植株每年各器官的生长量，推算出全年的吸收量，通常可作为确定施肥量的重要依据。土壤供肥量受土壤类型、气候条件和栽培特点等因素的影响，故可通过田间试验来确定。据已有的研究实践，氮的土壤供给量，相当于植株 1/3 的吸收量，磷、钾的土壤供给量相当于植株 1/2 的吸收量。肥料的利用率，N 30%～60%，P_2O_5 10%～25%，K_2O 40%～70%。鉴于目前尚罕见龙眼品种植株全年新叶、新梢、枝干增大、新根的解体分析研究，故难以采用以上公式计算某元素全年的施用量。但考虑到便于实际应用，亦可根据果实带走的养分量估算出施肥量（即估算施肥量法）。例如，据许秀淡等（1996）分析，生产 1t 龙眼（以下为'大乌园'、'石硖'、'储良'品种的平均值）果实要从土壤中带走 N 1.90kg，P 0.27kg，K 2.30kg。由于施入土中的肥料，部分流失、挥发、被固定，因此，一般肥料利用率为 N 30%～60%，P_2O_5 10%～25%，K_2O 40%～70%。考虑田间许多因素的影响，以及树体生长发育、落叶、落花、落果等消耗的养分。按龙眼三大元素的估算系数（全树耗肥量与果实耗肥量之比）：N 3.0，P 2.5，K 3.0，则可采用下列公式估算施肥量。

$$估算施肥量 = \frac{鲜果带走养分量}{肥料利用率} \times 估算系数$$

根据上列公式，计算生产 1t 龙眼果实的施肥量为（式中鲜果带走养分量采用'大乌园'、'石硖'、'储良'三品种的平均值）：

$$每吨果实估算施 N 量（kg）= \frac{1.90}{0.3～0.6} \times 3.0 = 9.5～19.0$$

$$每吨果实估算施 P_2O_5 量（kg）= \frac{0.618}{0.1～0.25} \times 2.5 = 6.18～15.45$$

$$每吨果实估算施 K_2O 量（kg）= \frac{2.76}{0.4～0.7} \times 3.0 = 11.8～20.7$$

按照以上公式计算，生产 1t 龙眼果实，估算的施 N 量 9.5～19.0kg，P_2O_5 量 6.18～15.45 kg，K_2O 量 11.8～20.7kg。以上估算的施肥量为近似值，在指导施肥时，需结合各地龙眼园的实际情况及生产目的予以调整。

2. 田间试验 在一定的立地环境和栽培条件下，以不同地区的代表性土壤，对不同品种、树龄的龙眼树进行田间施肥量定位试验，从而确定较为切合实际的施肥量。此类施肥量试验的年限较长，所得试验结果的可靠性和实用性较强，具有一定的实践应用价值。庄伊美等（1990）在福建同安丘陵地成年'水涨'龙眼园进行不同施肥水平比较试验。采用 3 个施肥量处理，即高、中、低施肥量（每 $667m^2$ N 分别为 37.2kg、18.6kg、9.3kg），N∶P_2O_5∶K_2O=1∶0.5∶1。试验结果表明，适当增加施肥量可促进龙眼结果母枝秋梢的生长发育，单株产量明显提高，中肥处理单株产量比低肥处理增加 49%，4 年平均达每 $667m^2$ 1 189.1kg（15 株）。因此推荐适宜的单株年施肥量为：N 1.24kg，P_2O_5 0.63kg，K_2O 1.15kg。庄伊美等（1997）在福建同安连续 4 年（1983—1986）的'水涨'龙眼不同施肥水平比较试验基础上，继续进行 4 年较大面积（1.33hm²）的示范试验，结果表明，成年龙眼（二十四至二十七年生）的平衡施肥对提高土壤肥力、保持树体适宜营养水平（表 2 - 11）以及增加果实产量有明显作用（表 2 - 12）。供试园试验前（1988—1991）的平均产量为每 667m² 398.0 kg，平均大小年幅度为43.6%；试验后（1993—1995）的平均产量为每 667m² 919.3kg，比试验前平均增加 521.3kg（增产 1.3 倍），平均大小年幅度为 23.2%，比试验前平均减少 20.4%。根据示范试验结果，作者推荐，闽南丘陵地成年龙眼园的年施肥方案（每 667m²，产果 1t）：N 20～25kg（有机肥 N 约占年施 N 量的 40%），N：P_2O_5：K_2O：CaO：MgO=1.0：（0.5～0.6）：（1.0～1.1）：0.8：0.4。

表 2 - 11　'水涨'龙眼示范试验园叶片营养状况

年份	N	P	K	Ca	Mg	B	Fe	Mn	Zn	Cu
	(%)					(mg/kg)				
1992	1.661	0.114	0.746	1.521	0.161	22.2	28.8	65.7	11.1	5.6
1993	1.663	0.130	0.775	1.664	0.268	18.7	68.0	53.3	17.8	10.7
1994	1.586	0.155	0.700	1.729	0.173	19.4	101.8	80.8	14.6	5.9
1995	1.976	0.162	1.064	1.101	0.181	20.9	70.5	44.0	14.6	5.7
适宜标准	1.4～1.9	0.10～0.18	0.5～0.9	0.9～2.0	0.13～0.30	15～40	30～100	40～200	10～40	4～10

注：采样叶片为当年生秋梢，12 月采样。

表 2 - 12　'水涨'龙眼示范试验园试验前后产量比较

项　目	试验前					试验后			
	1988	1989	1990	1991	4 年平均	1993	1994	1995	3 年平均
每 667m² 产量（kg）	93.0	428.6	285.7	785.0	398.0	1 030.0	655.5	1 072.4	919.3
年变幅（%）		64.3	20.0	46.6	43.6		22.2	24.1	23.2

注：年变幅（大小年结果强度 I）=（连续两年产量之差/连续两年产量之和）×100%。

梁子俊（1987）以福建南安丘陵地十九年生'福眼'龙眼品种为试验，进行不同 N、P、K 比例试验。设 8 个处理：对照（CK），$N_1P_2K_4$，$N_2P_2K_4$，$N_3P_2K_4$，$N_4P_2K_4$，$N_2P_1K_4$，$N_2P_3K_4$，$N_1P_3K_6$。均采用化肥（尿素、过磷酸钙、氯化钾），每年施用 3 次。从试验结果看出，各施肥处理均比对照增产（增加 3.4%～50.0%），其中以 4∶2∶4 处理的增产效果最好（50%），且树体长势及新梢长度、粗度最佳；其次是 2∶2∶4 处理，比对照增产 28%。此外，N、P、K 不同比例对果实品质有一定影响，提高 N 的比例有降低品质的趋势；以 2∶3∶4 处理对提高总糖及维生素 C 含量有较好效果。综合分析认为，每年单株种植密度为每 $667m^2$ 18 株的适宜施肥量为：N 1～2kg，P_2O_5 0.5～1kg，K_2O 1～2kg。

戴良昭等（1989）在福建南安低丘红壤龙眼园进行连续 6 年试验，品种'福眼'，树龄十七至二十五年生。研究包括 3 个部分：①肥料种类 8 个处理；②元素配合 3 个处理；③施肥时期 5 个处理，上述试验均以年株施 N 0.75kg，N、P、K 比例为 1∶1∶2。研究结果表明，施用 N、P、K 化肥，有机肥（饼肥＋绿肥）或 N、P、K 复合肥增产效果最好（增产 32.0%～32.9%），果实品质亦最佳；其次为施 N、K，单施 K 或 N，增产 23.5%～27.6%；而单施 P，施 P、K 及农盐的效果最差。说明龙眼对 K 较敏感（统计分析表明，叶片含 K 量与产量呈显著正相关 $r＝0.62$，$P＜0.05$）。此外，施肥时期试验结果表明（施肥期试验年施 2 次，于花前施总量的 30%，其余 70% 分别按冬、春、幼果、采前、采后施用），不同施肥期对龙眼抽梢、结果母枝生长、果实产量和大小年结果幅度有一定的影响，以施春肥和采果前肥的效果最好，因此应掌握采果前施用为宜（年施 2～3 次），大年 2 月和 7 月，小年 3 月和 8 月施肥为好，而花期肥酌情决定。

（二）不同树龄施肥量

我国龙眼园多属较贫瘠的红壤地，应重视增施有机肥，配合适量化肥，以改善土壤性状，提高土壤肥力。据裴东涛（1988）报道，龙眼幼树一年生年株施 N 0.025kg，P_2O_5 0.01kg，K_2O

0.016kg；二至三年生年株施 N 0.05kg，P_2O_5 0.013kg，K_2O
0.024kg；加上扩穴改土株施垃圾肥 50kg，绿肥（豇豆）压青
20～30kg。郑桂水（1989）报道，龙眼幼树一至三年生年株施 N
0.015kg，P_2O_5 0.01kg，K_2O 0.02kg；四至五年生年株施 N 0.36
kg，P_2O_5 0.015kg，K_2O 0.05～0.24kg。据福建泉州龙眼研究所
（1989）报道，一至三年生年株施 N 0.04～0.08kg，P_2O_5 0.02～
0.04kg，K_2O 0.04～0.08kg；四至五年生年株施 N 0.24～0.4kg，
P_2O_5 0.12～0.2kg，K_2O 0.24～0.4kg；六至七年生年株施 N
0.5～0.64kg，P_2O_5 0.21～0.32kg，K_2O 0.4～0.64kg；八至十年
生年株施 N 0.65～0.8kg，P_2O_5 0.35～0.4kg，K_2O 0.6～0.8kg；
十年生以上年株施 N 1～1.8kg，P_2O_5 0.5～1.0kg，K_2O 1.0～
2.5kg。根据综合资料（表 2-13），列出龙眼不同树施肥量以供
参考。

表 2-13　龙眼不同树龄施肥量（综合资料）

树龄（年）	年施肥量（kg/株）			$N：P_2O_5：K_2O$
	N	P_2O_5	K_2O	
1	0.015～0.025	0.010～0.013	0.016～0.020	1：（0.52～0.67）：（0.8～1.07）
2～3	0.04～0.08	0.015～0.040	0.04～0.08	1：（0.38～0.5）：1.0
4～5	0.24～0.40	0.12～0.20	0.24～0.40	1：（0.5～1.0）
6～7	0.50～0.64	0.21～0.32	0.40～0.64	1：（0.42～0.5）：（0.8～1.0）
8～10	0.65～0.80	0.35～0.40	0.60～0.80	1：（0.5～0.54）：（0.92～1.0）
10～25	1.0～1.2	0.5～0.6	1.2～1.5	1：0.5：（1.2～1.25）
25～50	1.2～1.8	0.6～0.7	1.5～2.0	1：（0.44～0.5）：（1.11～1.25）
>50	>1.8	0.8～1.0	2.0～2.5	1：（0.44～0.56）：（1.11～1.39）

我国台湾和福建龙眼结果树的施肥量及施肥期，见表 2-14。
而泰国十至二十年生的植株（每 hm^2 种植 75 株），每年株施 N
1 000～2 400g、P_2O_5 1 000～2 000g、K_2O 1 000～1 470g，施肥期
为花前期、壮果期及采果前、后期。

表2-14　我国台湾和福建龙眼结果树施肥量及施肥期

产区	树龄（年）	株/hm²	年施肥量（g/株）			施肥期（月）
			N	P_2O_5	K_2O	
台湾	8	195	350	400	450	4，5～7
	10		450	500	550	
	15		700	800	850	
	20		900	1 100	1 000	
福建（6县、市）	成年树	225～300	320～1 960	210～920	280～790	2，4，6，7～8，9～10

二、施肥时期

（一）幼年树施肥时期

幼年树处于营养生长阶段，因此，促进新梢及根系的多次生长，并促进枝梢分枝以形成健壮树冠，是幼树施肥管理的目标。通常采用薄肥勤施的原则。定植后第1年，从定植至9～10月，每月施一次稀薄肥水（30%粪尿水），冬季结合扩穴改土施1次有机肥。随着树龄增大，施肥量逐渐增加。前几年以氮肥为主，后几年适当增加磷、钾肥。施肥次数主要围绕几次抽梢，春梢是以后各次梢生长的基础，春梢萌发前，应施1次有机肥作基肥，夏秋梢抽生前后应进行施肥，尤其是秋梢前应适当增施氮肥，秋梢充实后适当增施磷、钾肥，减少氮肥。龙眼秋梢通常为夏延秋梢，因此，夏梢施肥亦很重要，夏梢抽发后应施氮、磷、钾肥。每年可结合扩穴改土，施有机肥和绿肥压青。

（二）结果树施肥时期

龙眼树进入结果阶段，植株营养生长与生殖生长趋于平衡，并进入全面结果时期，保持其树体营养生长与生殖生长较长时期的相对平衡，延长盛果期，从而达到高产、稳产、优质的重要目标。从我国产区的生态条件和龙眼生物学特性考虑，结果树全年施肥主要分为 3 个时期。

1. 花前肥 在花芽分化期施用，以促进花芽分化，促花壮花，提高坐果率。管理较好的，此期施肥又分抽梢前肥和开花前肥。应注意氮、磷、钾混合，氮、钾占全年施用量的 20%～25%，磷占全年的 25%～30%。此期还可在开花前 20 天进行一次根外追肥（如喷施 0.2% 尿素＋0.2% 磷酸二氢钾＋0.05% 硼砂），以利于开花结果。

2. 壮果肥 自开花后至幼果生长发育期间，因花朵消耗大量养分，且处于生理落果期及果实生长发育期，故应及时补充养分。此期施肥可起到保果、壮果及改善果实品质的作用；此外还可促进龙眼结果母枝夏梢的发育。管理较精细的，此期施肥又分疏果后的幼果期和促进果肉迅速膨大的果实发育后期肥。龙眼果实生长发育需钾较多，故应增施钾肥，其施钾量占全年施用量的 40%～50%；同时应配合施用适量的氮、磷肥，氮占全年施用量的 25%～30%，磷约占全年施用量的 40%。此期结合进行 2～3 次根外追肥，如 0.2% 尿素＋0.2% 磷酸二氢钾＋0.2% 硫酸钾，可收到良好效果。

3. 采果前、后肥 此期施肥主要是迅速恢复树势，促发足量壮实的秋梢结果母枝，奠定翌年丰产的基础。对早熟品种或只培养 1 次秋梢的树，可在采果后施用；而晚熟品种或结果多、树势弱的树，可分两次施用，即采果前、后各施 1 次。采果前以速效肥为主，采果后以有机肥配合化肥。此期各元素施用量占全年肥量分别为：氮 45%～55%，磷 30%～35%，钾 25%～40%。

三、施肥方法

龙眼植株主要依靠根系从土壤中吸收各种养分，而枝叶、果实对养分亦有一定的吸收能力。因此，龙眼施肥方法主要有两种：土壤施肥和根外施肥。

（一）土壤施肥

龙眼地上部（树冠）与地下部（根系）的生长保持着动态平

衡。因此，土壤施肥应根据根系生长、分布、吸收特性、土壤状况等，将肥料施在适当部位，以充分发挥其肥效，促进植株的正常生长结果。土壤施肥时，可施在根系生长密集处，一般多施在树冠滴水线附近；亦可利用根系的趋肥性，施肥部位比根系集中分布的位置略远或略深，以利于诱导根系向深广发展；此外，施肥位置还要考虑树龄、土壤、肥料种类等因素。诸如，幼树根系浅，分布范围小，以开环状沟浅施为宜；随着树龄增大，根系范围不断扩展，施肥的深度、广度亦应逐年加大。土层深厚、土壤疏松、地下水位低的根系分布较深；反之，根系分布较浅，土壤施肥的部位则应随着变化。肥料性质不同，亦应采用不同的施肥方法。例如，有机肥料分解较慢、肥效长，可作基肥均匀深施；化学肥料的肥效短且可溶于水，一般可作追肥浅施。就化肥而言，应以养分在土壤中移动性的差异而采用不同方法。氮肥在土壤中的移动性较大，浅施通常能渗透到根系分布层而被吸收利用（当然还应考虑氮肥种类、降雨状况、土壤条件而有所差异）；而磷肥在土壤中的移动性小，且易被土壤固定，因此，可深施在根系密集处，与有机质肥混施效果更好。

土壤施肥常用的方法：①环状沟施肥，在树冠滴水线附近开环状或半环状施肥沟（深 20～40cm，宽 30～40cm）。②条沟施肥，在行株间开条沟（沟深、宽同上）。③放射沟施肥，以树干为中心，在离树干 60～80cm 处，向外开 5～6 条沟，近树干处开浅沟，并逐渐向外加深（沟深 10～30cm，宽约 30cm，长依树冠大小而异）。④盘状沟施肥，离树干 30～50cm 处至树冠滴水线范围，耙开表土约 10cm 深而成盘状，通常内浅外深，然后将肥料均匀撒施后覆土。⑤穴施，于树冠滴水线附近挖直径 30～40cm，深 30～50cm 的施肥穴 6～8 个，肥料施入后覆土，施肥穴位置应逐次轮换。台湾地区在地形较复杂的园地，采用简便的手提机动式钻孔施肥机施肥，亦属穴施方式。⑥撒施，将肥料均匀撒施于树冠下，然后浅翻入土，此法适于雨季采用。

总之，选择土壤施肥方法时，需依树体、土壤、气候、肥料等的具体情况灵活掌握，但应注意施肥位置的轮换，从而使园地土壤肥力较为均匀。

（二）根外施肥

根外施肥又称叶面施肥。此法是将肥料的水溶液直接喷布在叶片等器官上，植株吸收养分快，易于见效。通常，在缺素矫治、胁迫性气候条件（如旱害、冻害等）或树体某些物候阶段（如花前期、幼果期），为补充根系吸收养分之不足，可采用根外追肥。生产实践证明，龙眼根外施肥对提高坐果率、增大果实、改善果实品质、促进花芽分化以及矫治树体缺素，能起到良好的作用。

根外追肥的浓度及时期参见第一章荔枝。

（三）灌溉施肥

灌溉施肥是一种先进的施肥方法。先将肥料溶于水中，然后通过灌溉系统（喷灌：高喷、微喷；滴灌）进行施肥。此法在国内外已开展研发和应用，颇具发展前景。

四、微量元素及稀土元素的施用

龙眼植株生长发育所需微量元素主要来自土壤，由于各地成土母质、生态条件以及人为因素（土壤管理等）的差异，致使龙眼园土壤微量元素含量水平变化较大。王仁玑等（1993）研究指出，福建南亚热带龙眼六大主产区丰产园土壤微量元素含量状况尚不平衡。总体看来，土壤活性锰（代换态锰平均 1.5mg/kg，还原态锰平均 83.4 mg/kg）、有效态铜（平均 1.2mg/kg）含量较低；有的元素平均含量虽属良好，但有不少园地却处于较低水平，如水溶态硼含量有 45.8％的样本处于低量级以下（＜0.50mg/kg）。陈建生等（1999）对粤东地区 8 片龙眼园土壤调查发现，6.3％的土样缺乏有效态铜，50％的土样缺乏有效态硼。张发宝等（1998）报道广东龙眼主产区 24 片龙眼园的土壤微量元素含量状况，其中速效态硼含量平均 0.19 mg/kg，低于临界值的土样占 63％；速效态铜含量平均 0.99 mg/kg，低于临界值的土样占 83％；速效态锌含量平均 1.67 mg/kg，低于临界值的土样占 88％；有效态锰含量平均值 8.0 mg/kg，高于临界值（5 mg/kg）。综上可见，广东供试龙眼园土壤微量元素中的锌、铜缺乏较普遍，而锰含量则普遍较高。

我国龙眼园多处于南亚热带高温多雨地区，土壤风化淋溶较为剧烈，土壤冲刷也较严重，加上土壤管理失当，导致许多龙眼园土壤微量元素含量缺乏，尤其是锌、硼、铜等。据戴良昭等（1985）报道，以十三年生'福眼'龙眼为试材，喷施 0.1％稀土加 0.1％硼酸和 0.1％稀土加 0.1％硫酸锌，具有明显的增产效果（比对照增产 14.4％），并可提高龙眼果实品质。韦剑锋等的试验表明（2006），龙眼园在土壤低硼条件下，于龙眼假种皮发育期间，连续喷布 3 次 0.2％ H_3BO_3、1％ $CaCl_2$ ＋ 0.2％ H_3BO_3 处理显著提高了果实组织 B 含量，对增大果实、增加可食率和果肉含糖量有明显效应；同时可降低储藏期间果实失重率，提高好果率，减缓果实营养成分的变化。龙眼常用微量元素叶面喷施的浓度：硼酸或硼砂 0.05％～0.2％，硫酸锌 0.1％～0.2％，钼酸铵 0.05％～0.1％，硫酸铜 0.01％～0.02％，硫酸锰 0.1％～0.3％。

镧系（15 种元素）及钪、钇等元素统称稀土。这些元素化学性质颇为活泼，具有较强的氧化、催化、光子以及磁性能。据戴良昭（1999）试验，龙眼施用稀土可增大叶片，提高叶绿素以及干物质含量，增强光合强度，提高树体营养水平，从而获得增产、改善品质的效果。戴氏（1985）报道，以十三年生'福眼'龙眼为试材，于 5 月中旬和 8 月下旬各喷 2 次，结果表明，其产量比对照增产 23.3％～25.8％。龙眼喷布硝酸稀土适宜浓度为 0.05％～0.1％，最佳浓度为 0.1％，临界浓度为 0.2％～0.4％，不能超过临界浓度，否则会出现肥害。此外喷布稀土可提高可溶性固形物含量（比对照增加 5.5％～13.3％）以及果实含糖量（比对照增加 6.7％～23.1％）。

五、营养元素失调的矫治

龙眼正常生长发育所需各种营养元素的失调（缺乏或过剩），

都会对树体产生不良的影响。这些影响可能致使植株不同器官出现特有症状，人们可以通过营养失调外观症状，来判别某种元素缺乏或过剩（即形态诊断）。然而，可见症状的诊断尚存在难以确诊的情况（诸如元素的潜在缺乏或潜在过量，几种元素的重叠症状，外界因素差异的症状饰变等）。因此，在生产实践中，仍应推行叶片分析结合土壤分析，根据分析结果对照营养诊断指标进行诊断，从而较为准确地判断各种元素的失调状况，并制定适宜的矫治措施。各种营养元素失调症状及诊断措施已如第一章所述，本节介绍龙眼各元素失调症状的主要矫治方法。

缺氮时，除土壤增施氮肥外，可根外喷施氮素（如 0.2%～0.5%尿素），每周喷 1 次，连喷 2～3 次。氮素过量时，应停止或减少施氮。

缺磷时，根外喷施磷肥（如 0.5%～1.0%过磷酸钙或 0.2%～0.5%磷酸二氢钾），每周 1 次，连喷 2～3 次；土壤增施磷肥（与有机肥混合深施），可使用过磷酸钙或钙镁磷肥（后者更适合于酸性土壤施用）。磷素过量应减少或停止施磷。

缺钾时，土壤施用钾肥（如硫酸钾、氯化钾或灰肥），倘施钾过量应控制施钾；根外喷施钾肥（如 0.2%～0.5%硝酸钾、硫酸钾或 0.2%～0.5%磷酸二氢钾），每隔 10 天左右喷 1 次，连喷数次。

缺钙时，根外喷施钙肥（如 0.3%～0.5%硝酸钙或 0.3%～0.5%磷酸二氢钙等），在新叶期叶面喷施数次。对酸性土壤，可施石灰，一般可以均匀撒于土面并翻入土中。石灰适宜使用量因土壤性质不同而异，以沙壤土为例，每 667m² 石灰施用量如下：pH 5.0 以下为 60kg（指熟石灰，下同），pH 5.0～5.5 为 40kg，pH 5.5～6.0 为 25kg，pH 6.0～6.5 为 10kg。倘属沙土，石灰施用量比沙壤土减少（约下降 50%）；如属壤土、黏壤土、黏土，施用量比沙壤土依次增加（增加 0.5～2 倍）。此外，还应防止钾、氮肥的过量施用；干旱季节应及时灌溉，以避免暂时性缺钙。土壤钙素过量，可施生理酸性肥料（如硫酸钾、硫酸铵等），亦可施用硫黄或石膏，以调节土壤 pH。

缺镁时，应及时进行土壤施镁（如钙镁磷肥、氧化镁等，亦可施用白云石灰）；采用根外喷布镁素（如 0.3%～0.5%硝酸镁、硫酸镁等），在新叶期连喷数次。土壤镁素过量，通常可施钙肥，土壤 pH 较低时，每 667m² 施石灰 50～60kg，但土壤 pH6.0 以上，应避免施石灰，而喷施 0.3%磷酸二氢钙或 0.3%～0.5%硝酸钙。

缺锌时，根外喷施 0.1%～0.3%硫酸锌，通常在春季喷布，每隔 10 天喷 1 次，连喷数次。

缺硼时，叶面喷施 0.1%～0.2%硼砂溶液，每隔 7～10d 喷 1 次，连喷 2～3 次。此外，土壤施用硼砂亦有效果，每株成龄树均匀施用硼砂 0.10～0.25kg。土壤硼素过量时，应严格控制施硼，并施用石灰；有条件的可用淡水浇灌根部。

缺铁时，若土壤 pH 高，应增施有机肥，或与硫黄（每667m² 12～20kg）混合施入土中，以降低 pH；此外，每株施 10～20g 螯合铁（钙质土用 Fe-EDDHA，酸性土用 Fe-EDTA），亦可每667m² 施硫酸亚铁或柠檬酸铁 3～4kg。叶面喷施 0.1%～0.2%螯合铁、柠檬酸铁或硫酸亚铁溶液。

缺铜时，根外喷施 0.05%～0.1%硫酸铜；缺锰时，可根外喷施 0.1%～0.3%硫酸锰。

参 考 文 献

陈建生，张发宝，徐乐然.1999.粤东龙眼立地土壤养分限制因子系统调查［J］.土壤与环境，8（1）：40-44.

陈立松，刘星辉.1998.渗透胁迫下 Ca^{2+} 对龙眼叶片光合色素及膜脂过氧化的影响［J］.园艺学报，25（1）：87-88.

陈有志，庞新华.2002.龙眼叶片矿质营养研究［J］.中国南方果树，31（2）：37-39.

戴良昭.1999.荔枝龙眼施肥新技术［M］.北京：中国农业出版社.

洪家胜，刘素青，关雄泰.1998.储良龙眼成花及其叶片营养元素含量的关系［J］.广东微量元素科学，5（12）：48-52.

黎光旺，朱建华，彭宏祥，等.2003.石硖龙眼结果母枝叶片的矿质营养状况
　　[J].广西农业科学（3）：32-33.

李延，刘星辉，庄卫民.2001.福建山地龙眼园土壤镁素状况与龙眼缺镁调控
　　措施研究[J].山地学报，19（5）：460-464.

刘星辉，郑家基，潘东明，等.1986.龙眼叶片营养诊断的研究[J].福建农
　　学院学报，15（3）：237-245.

施清，李美桂，李健.2003.福建龙眼园营养状况调查[J].中国果树（6）：
　　38-41.

苏宾，陈少珍，陈丽新，等.2001.广西龙眼主栽品种丰产园果实及叶片的营
　　养状况[J].亚热带植物科学，30（3）：22-25.

王仁玑，庄伊美，陈丽璇，等.1987.福眼龙眼叶片营养元素适宜含量的研究
　　[J].福建省农科院学报，2（2）：54-59.

王仁玑，庄伊美，谢志南，等.1993.福建丰产龙眼园土壤微量元素含量的研
　　究[J].热带地理，13（3）：226-233.

韦剑锋，梁和，韦冬举，等.2006.钙硼营养对龙眼果实品质及耐贮性的影响
　　[J].中国农学通报，22（9）：311-314.

谢志南，许文宝，庄伊美，等.2001.柑橘、龙眼园土壤有机质与有效态养分
　　含量的相关性[J].福建农业大学学报，30（1）：36-39.

谢志南，庄伊美，王仁玑，等.1997.福建亚热带果园土壤 pH 值与有效态养
　　分含量的相关性[J].园艺学报，24（3）：209-214.

许文宝，谢志南，庄伊美，等.1999.福建省柑橘、龙眼园的氯素营养状况
　　[J].福建农业学报，14（增刊）：132-135.

许秀淡，郑少泉，黄金松，等.1996.特晚熟龙眼立冬本果实发育研究. I.
　　矿质营养需求及其分配[J].福建省农业科学院学报，11（4）：35-38.

姚青，朱红惠，陈杰忠.2005.接种 AM 真菌对龙眼实生苗营养生长与矿质营
　　养的影响[J].热带作物学报，26（4）：11-13.

张发宝，陈建生，陈秀道，等.2000.中微量元素对龙眼产量和品质的影响
　　[J].广东农业科学（4）：32-34.

张发宝，陈建生，刘国坚.1998.广东龙眼立地土壤基本养分状况分析[J].
　　热带亚热带土壤科学，7（1）：31-35.

庄伊美，李来荣，江由，等.1984.赤壳龙眼叶片与土壤常量元素含量年周期
　　变化的研究[J].园艺学报，11（3）：165-170.

庄伊美，王仁玑，吴可红，等.1989.红壤龙眼园土壤熟化及其与酶活性的相

关性［J］. 福建农学院学报，18（增刊）：362-368.

庄伊美，王仁玑，谢志南，等.1995.水涨龙眼叶片营养元素的适宜含量［J］. 福建农业大学学报，24（3）：281-286.

庄伊美，王仁玑，谢志南，等.1997.成年龙眼园平衡施肥示范试验［J］. 亚热带植物通讯，26（1）：1-5.

庄伊美.1991.试论亚热带红壤果园土壤改良熟化［J］. 热带地理，11（4）：320-327.

庄伊美.1994.龙眼荔枝施肥［M］//何电源. 中国南方土壤肥力与栽培植物施肥. 北京：科学出版社.

第三章

枇杷营养与施肥

第一节　枇杷的营养特性

　　枇杷原产于我国，是南方特有的常绿果树，主要分布在我国长江以南各省（自治区、直辖市），以福建、浙江、四川、台湾、广东、广西、云南、重庆、安徽、江西等地栽培较多。

　　枇杷根系分布较浅且不发达，须根量少（仅占全根重量的15.6%），其垂直分布与水平分布受土质、土层厚度和地下水位等因素的影响。土质良好、生长健壮的垂直根系可达 1.0～1.3m，80%吸收根分布在 10～50cm 土层内，水平根分布为树冠的 1～2 倍。据观察，浙江黄岩及福建福州枇杷根系一年生长均有 4 个高峰期，福建福州第一次高峰在幼果期（1～2 月），是一年中根系生长量最多的时期；第二次在 5～6 月；第三次在 8～9 月；第四次在开花前后（10～11 月）。其中有两个重要高峰期，即根系生长量最大的时期（1～2 月及 10～11 月），此期与树体养分供应密切相关。

　　枇杷对土壤适应性较广，多种土壤均可种植，果园立地以缓坡丘陵山地、台地及平地（如冲积土等）为主。基于枇杷根系分布浅且须根量少的特点，种植枇杷宜选择土层深厚、土质疏松、有机质含量较高、保水保肥能力较强而又不易积水的土壤。据黄祥庆等（1994）报道，台湾枇杷园土壤除少部分为近中性反应外，大部分属酸性至强酸性反应，肥力低，土壤有机质含量少，土壤钙、镁、钾离子淋失，微量元素时有缺乏，磷素有效性偏低，土壤质地大多黏重，通透性较差，此类土壤障碍已成为枇杷园土壤培肥的重要问题。因此增加土壤有机质含量，改善土壤理化性状，增进保水、保肥能力，保持土壤营养元素平衡，是提高枇杷产量、改善果实品质的关键。

一、枇杷树体的矿质营养成分

从表3-1可见（陆修闽等，2000），'早钟6号'枇杷花穗与果实发育过程中，各营养元素含量均呈下降趋势。总的看，花穗和果实的N、Ca含量比叶片低；而P、K含量较叶片高；花穗Mg含量高于叶片，果实Mg含量比叶片低。由此可见，其花穗发育对P、K、Mg的需求及果实生长对P、K的需求均较大。在3种器官中，5种元素含量存在差异。叶片含量顺序为Ca＞N＞K＞Mg＞P，花穗含量为K＞N＞Ca＞Mg＞P，果实含量为K＞N＞Ca＞P＞Mg。K在花、果中含量均最高。

表3-1　'早钟6号'枇杷叶片、花穗、果实主要营养元素含量（％）

元素	叶片	花穗		不同月份的果实			
		未开花	已开花	1	2	3	4
N	1.36	1.31	0.82	1.65	0.83	0.77	1.08
P	0.107	0.217	0.128	0.197	0.133	0.115	0.148
K	1.18	2.15	1.90	1.94	1.54	1.32	1.67
Ca	1.790	0.730	0.673	0.588	0.279	0.162	0.343
Mg	0.198	0.275	0.243	0.178	0.142	0.104	0.141

注：叶片数据是3种梢别9个月的平均值；果实数据为第1次夏梢和第2次夏梢上果实的平均值。

陆修闽等（2000）指出，不同梢别叶片主要营养元素含量存在差异（表3-2），3种梢别叶片中，第一次夏梢N、P含量最高；第一次夏梢和第二次夏梢K含量显著高于春梢（$P<0.05$）；Ca含量依次为春梢＞第一次夏梢＞第二次夏梢；Mg含量则与Ca相反，

为第二次夏梢＞第一次夏梢＞春梢，3 种叶片间 Ca、Mg 含量均有显著差异。

表 3-2　‘早钟 6 号’枇杷不同梢别叶片主要营养元素含量比较（%）

梢别	N	P	K	Ca	Mg
春梢	1.36a	0.105b	1.11b	1.96a	0.182c
第一次夏梢	1.37a	0.109a	1.21a	1.83b	0.202b
第二次夏梢	1.34b	0.107ab	1.22a	1.57c	0.211a

注：数据为 9 个月的平均值，同列中不同字母表示差异显著（$P < 0.05$）。

二、叶片主要营养元素含量的年周期变化

陆修闽等（2000）的研究表明（图 3-1），‘早钟 6 号’枇杷 N 含量在春梢和第一次夏梢叶片中，7～9 月先升后降，9 月至翌年 1 月逐步上升；第二次夏梢叶片，7～12 月呈上升趋势；3 种叶片在 1～3 月均表现为先升后降趋势。春梢和第一次夏梢叶片含 N 量在 9 月出现低谷，是因为正值花穗抽生期，消耗大量 N；进入 2 月果实迅速生长，3 种叶片 N 向果实转移，致使叶片 N 含量亦较低。

3 种叶片 P 含量在 7～10 月先升后降，10～12 月呈上升趋势，而在 1～3 月则是先降后升。P 含量的第一个低值在 10 月，此时为开花盛期，表明开花消耗大量的 P。

3 种叶片 K 含量在花穗孕育至幼果滞长期（7～9 月）先降后升，之后在幼果细胞迅速分裂期呈下降趋势，至翌年 1～2 月果实迅速生长期降至最低，果实成熟期有所回升，表明果实发育消耗较多的 K。

3 种叶片 Ca 含量均呈上升趋势，至翌年 3 月达最高值。Mg 含量在春梢和第一次夏梢叶片中，分别在 7～12 月和 7～10 月逐渐下降；10 月至翌年 1 月第一次夏梢先升后降，第二次夏梢叶片在 7～9 月和 9 月至翌年 1 月均为先升后降；1～3 月 3 种叶片均呈倒“V”形变化。

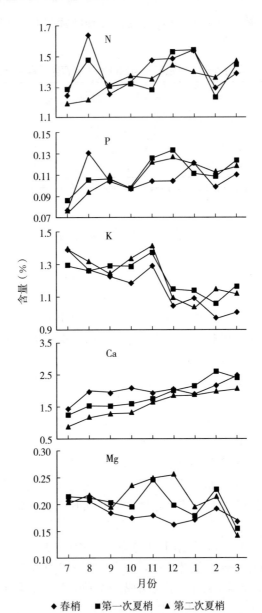

图 3-1　'早钟 6 号'枇杷不同梢别叶片主要营养元素含量的年周期变化

苏德铨（1994）研究表明，不同部位叶片采样分析结果显示，由顶梢算起第3～4片展开叶的 N、P、K、Mg 含量皆较第6～8片为高，而 Ca 含量则相反（图3-2）。两部位叶片 N、K 含量的差距大致以 7～8 月间较为明显，至 10 月时，此种差异虽仍存在，但有减少趋势，原因可能是 6～8 月为植株新叶生长最快之时，顶梢需 N、K 量颇多，养分也易往此积储运移。而 8～9 月后枝梢已进入停梢期，只是两种部位叶片中营养成分差异渐小。叶片 P 含量的差距则以 5～6 月较为明显，7～8 月以后逐渐减少。

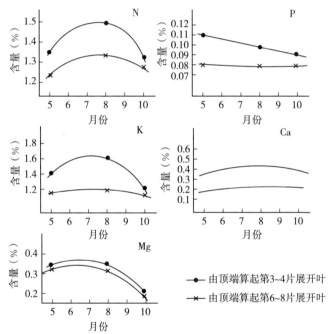

图 3-2　枇杷不同部位叶片在不同月份养分含量变化

三、丛枝菌根真菌对枇杷根系生长的效应及养分吸收的影响

前已述及，枇杷根系浅且不发达，须根稀少，因此，探讨和筛

选 AM 真菌对根系生长的效应，对改善枇杷根系形态、扩大根系吸收面积、培育健壮根系有重要意义。李涛等（2009）的盆栽试验表明，与对照相比，接种 3 种 AM 真菌光壁无梗囊霉（*Acaulospora leavis*，简称 A.l）、摩西球囊霉（*Glomus mosseas*，简称 G.m）和苏格兰球囊霉（*Glomns caledonium*，简称 G.c）处理的侵染率、丛枝率、菌丝长度、孢子密度（表 3-3）、总根长和生长点数均显著增加；A.l 显著增加幼苗茎叶及根系干、鲜重，G.m 显著增加根系干、鲜重；3 种真菌显著促进直径＜0.5mm 须根的发生，使须根变得更多更细（表 3-4）。A.l 和 G.m 还显著增加根表面积、根体积和不同直径的根长，而 G.c 仅显著增加直径＜0.5mm 须根的根长。总体而言，接种 AM 真菌能改善枇杷根系生长状况，其细小侧根数增加，根系形态发生变化，须根变得更多更细更长，因此，有助于增强根系吸收养分和水分的能力。

表 3-3 不同 AM 真菌侵染、生长和产孢能力的差异

处理	侵染率（%）	丛枝率（%）	菌丝长度（mm/g）（干土）	孢子密度（个/g）（干土）
A.l	43.8b	4.7ab	1.99a	2.7b
G.m	31.1b	4.0b	2.06a	4.9a
G.c	58.3a	6.9a	1.72a	5.7a
CK	0c	0c	0b	0c

注：同列不同字母表示差异显著（$P<0.05$），表 3-4、表 3-5 同。

表 3-4 AM 真菌对'早钟 6 号'枇杷实生苗不同直径根长度的影响（cm）

处理	根径（mm）				
	＜0.5	0.5~1.0	1.0~1.5	1.5~2.0	＞2.0
A.l	2 742.1a	943.9a	104.1a	21.8ab	26.0b
G.m	2 661.5a	879.4a	103.6a	26.8a	39.4a
G.c	2 411.9a	736.0ab	61.4b	15.1bc	23.9bc
CK	1 761.8b	488.1b	45.6b	11.9c	12.2c

　　张燕等（2012）以'早钟6号'枇杷实生苗为试材，研究3种水分梯度（正常供水、轻度水分胁迫和重度水分胁迫）下，分别接种三种AM真菌光壁无梗囊霉（*Acaulospora leavis*）、摩西球囊霉（*Glomus mosseas*）和苏格兰球囊霉（*Glomus caledonium*），对实生苗生长和养分吸收的影响。结果表明，接种AM真菌的枇杷植株不仅地上部和地下部干重更高；而且均可增加枇杷植株氮、钾、磷、钙、镁、铜的吸收（表3-5）。

表3-5　不同水分梯度下接种3种AM真菌对枇杷苗养分吸收的影响

水分状况	菌根状况	N (mg/株)	K (mg/株)	P (mg/株)	Ca (mg/株)	Mg (mg/株)	Cu (μg/株)
正常供水	对照（CK）	46.0b	62.9b	4.6b	49.4b	8.5b	40.3b
	A.l	145.3a	209.9a	13.1a	171.0a	29.2a	161.9a
	G.m	110.4ab	176.6a	9.0ab	117.8ab	20.7ab	94.9ab
	G.c	164.8a	228.4a	11.9ab	167.5a	25.5a	115.5ab
轻度水分胁迫	对照（CK）	32.5b	32.6b	2.5b	23.7b	4.9b	28.5b
	A.l	85.8a	112.6a	5.7a	89.1a	15.1a	110.5a
	G.m	78.8a	118.7a	4.2b	85.3a	14.6a	59.0b
	G.c	95.0a	128.0a	6.3a	99.6a	16.1a	63.9b
重度水分胁迫	对照（CK）	30.4a	41.0a	2.3a	25.2b	5.2a	39.2a
	A.l	67.2a	81.6a	4.5a	71.4ab	11.1a	51.3a
	G.m	64.1a	79.8a	6.7a	66.8ab	11.0a	40.4a
	G.c	89.6a	120.6a	3.7a	94.1a	15.3a	62.5a

　　由表3-5可见，接种G.c的植株在两种水分梯度（正常供水、轻度水分胁迫）下，对N的吸收量分别比对照增加258%及193%；接种A.l的植株对N的吸收量亦较大（正常供水、轻度水分胁迫与对照的差异显著），而接种G.m的植株对N的吸收量则较小（只有在轻度水分胁迫下与对照才有显著性差异）。此外，3种AM真菌对其余元素吸收量的影响基本与N相似，大致是接种A.l和G.c的植株对各营养元素的吸收量大，接种G.m植株的吸收量小。

表 3－6　枇杷苗养分吸收量双因素方差分析

因　素	N	K	P	Ca	Mg	Cu
水分处理	***	***	***	***	***	*
菌根处理	***	***	**	***	***	*
水分处理×菌根处理	NS	NS	NS	NS	NS	NS

注：*、**、***和 NS 分别表示在 $P=0.05$、$P=0.01$、$P=0.001$ 的显著水平和无显著性差异。

由表 3－5 和表 3－6 可见，水分胁迫显著降低枇杷植株对营养元素的吸收，接种 AM 真菌显著提高对养分的吸收。对于所有的营养元素，水分处理和菌根处理之间不存在交互作用。

表 3－7 显示，在正常供水、轻度水分胁迫的条件下，接种 A.l 对枇杷植株养分吸收的贡献率最高，分别为 70％和 69％；其次是接种 G.c 的处理，分别为 68％和 67％；较差的是接种 G.m 的处理，分别为 58％和 60％。由此说明，A.l 和 G.c 是在正常供水、轻度水分胁迫下的优势菌种，尤其是 A.l；而在重度水分胁迫下，贡献率最高的则是 G.c，为 60％，说明 G.c 在重度水分胁迫下促进枇杷生长的效果明显，是干旱条件下的优势菌种。

表 3－7　不同水分梯度下接种 3 种 AM 真菌
对枇杷苗养分吸收的贡献率（％）

水分状况	菌根状况	N	K	P	Ca	Mg	Cu	平均
正常供水	A.l	68	70	67	71	71	75	70
	G.m	58	64	50	58	59	58	58
	G.c	72	72	64	71	67	65	68
轻度水分胁迫	A.l	62	71	63	73	67	74	69
	G.m	59	73	40	72	66	52	60
	G.c	66	75	61	76	69	55	67

（续）

水分 状况	菌根 状况	N	K	P	Ca	Mg	Cu	平均
重度水分胁迫	A. l	55	50	64	65	53	24	52
	G. m	53	49	70	62	52	3	48
	G. c	66	66	50	73	66	37	60

四、枇杷园土壤营养状况

黄梅卿等（2004）对福建莆田 153 个枇杷土壤样品（0～40cm 土层）的分析表明（表 3-8），枇杷园土壤 pH 平均（下同）4.98，属强酸性，其变异系数较小，土壤有机质含量 1.678%，属中等水平，而不同培肥措施（有机肥使用状况）的园地土壤有机质含量差异较大（变异系数 43.40%）；土壤全氮 0.078%，亦属中等水平，其中，部分果园土壤全氮含量不足；土壤碱解氮 78.9mg/kg，与土壤全氮含量状况相似，有部分速效氮，含量较低；有效磷含量 48.6 mg/kg，变异系数很大（96.87%），表明各地果农施用磷肥状况差异颇大，偏施磷肥和忽视磷肥状况并存；速效钾含量 188.2mg/kg，属中上水平，但仍有部分钾供应不足；代换性钙含量 2 040.0mg/kg，变异系数较大，总体上看，土壤代换性钙含量水平较高；代换性镁含量 190.3 mg/kg，变异系数甚大，部分土样镁含量不足。此外，根据蒋瑞华等（1999）对福建莆田常太果区 15 个果园调查分析（0～30cm 土层），有效硫含量平均 49.5 mg/kg，尚属充足；有效硼含量平均 0.22mg/kg，变幅 0.12～0.43 mg/kg，调查区属低硼区，其含量均处于低量和缺乏水平；有效锌含量平均 2.75 mg/kg，变幅 0.87～5.14 mg/kg，大多数土样有效锌含量尚属适宜。

表 3-8　福建莆田枇杷园土壤农化性状

项　目	变化幅度	平均值±标准差 $(\bar{X} \pm S)$	变异系数 (CV)（％）
有机质（％）	0.049～4.924	1.678±0.728	43.40
全氮（％）	0.029～0.191	0.078±0.027	35.03
碱解氮（mg/kg）	20～184	78.9±27.6	35.02
有效磷（mg/kg）	0～216.1	48.6±47.1	96.87
速效钾（mg/kg）	35～612	188.2±106.3	56.47
代换性钙（mg/kg）	108.8～10 899.2	2 040.0±1 580.8	77.17
代换性镁（mg/kg）	12.1～1 384.7	190.3±151.6	84.87
pH	4.10～6.84	4.98±0.65	13.04

台湾台中系枇杷主产区，20 世纪 80 年代之后，重视果园土壤改良和合理施肥，土壤肥力显著改善。根据林嘉兴等（1994）报道，对 170 个果园进行土壤分析表明（表 3-9），土壤有机质及其他养分含量均有明显提高。

表 3-9　台湾台中枇杷园土壤养分状况

地点	土层	采样园数	pH	有机质（％）	有效磷（mg/kg）	交换性钾（mg/kg）	交换性钙（mg/kg）	交换性镁（mg/kg）
台新社	表土	157	5.2	3.6	279	251	1051	92
	底土	67	5.1	3.1	205	266	868	83
台大坑	表土	13	5.1	3.5	288	238	1242	110
	底土	13	5.1	2.0	173	162	760	89

五、枇杷园土壤养分与叶片养分含量间的相关性

黄梅卿等（2004）针对福建莆田枇杷样本树夏梢叶样 5 个营养元素指标与冠下 40cm 上层混合土样 8 项农化性状的相关性进行分析（样品数 151 个）（表 3-10），结果表明，果园土壤代换性镁与

叶片镁含量以及土壤有机质与叶片含氮量之间均呈极显著正相关；土壤 pH 与叶片氮、磷、钾之间为显著负相关；而土壤代换性镁与叶片含钙量之间却呈显著正相关；土壤全氮与叶片氮含量之间为较显著正相关；土壤代换性镁与叶片含钾量之间则呈较显著负相关；土壤碱解氮与叶片含钾量之间亦呈较显著的负相关。

表 3 - 10　枇杷园土壤养分与叶片养分含量间的相关性

r_{XiYj}	Y_1	Y_2	Y_3	Y_4	Y_5
X_1	0. 233 45 **	0. 064 06	0. 041 76	−0. 108 27	0. 035 34
X_2	0. 150 76 [+]	0. 055 57	−0. 069 51	−0. 066 78	0. 065 31
X_3	0. 101 98	0. 061 16	−0. 136 24 [+]	−0. 039 69	0. 113 25
X_4	0. 086 14	−0. 056 35	−0. 015 23	−0. 096 67	0. 088 38
X_5	−0. 036 17	−0. 013 46	−0. 000 32	−0. 046 96	−0. 033 39
X_6	−0. 075 93	−0. 076 85	−0. 093 16	0. 041 81	0. 127 15
X_7	−0. 031 58	−0. 094 43	−0. 137 59 [+]	0. 168 90 *	0. 233 49 **
X_8	−0. 180 05 *	−0. 177 97 *	−0. 172 81 *	0. 104 37	0. 128 34

注：$r_{0.1}{}^+ = 0.133\ 1$，$r_{0.05}{}^* = 0.159\ 0$，$r_{0.01}{}^{**} = 0.208\ 0$，$n = 151$。$X_1$ 为有机质，X_2 为全氮，X_3 为碱解氮，X_4 为有效磷，X_5 为速效钾，X_6 为代换性钙，X_7 为代换性镁，X_8 为 pH；Y_1 为叶氮，Y_2 为叶磷，Y_3 为叶钾，Y_4 为叶钙，Y_5 为叶镁。

第二节　枇杷营养诊断与合理施肥

一、枇杷营养诊断

（一）叶片样品采集时期及采集部位

根据台湾苏德铨（1994）的研究，认为夏梢结果枝 7～10 月养分含量变化较大，不宜作为采样时期，而 10～11 月，叶片主要元素（N、P、K、Ca、Mg）含量变化稳定，且结果枝较非结果枝叶片分析值稳定，可作为采样较佳时期。因此，苏氏提出枇杷营养诊断较适宜的采样期为 10～11 月的盛花期，并以结果枝第 3～4 片叶为宜。

福建陆修闽等（2000）的研究指出，'早钟 6 号'枇杷第一次夏梢叶片 N 在 9～11 月，P 在 1～2 月，K 在 7～10 月，Ca 在 8～9 月，Mg 在 7～9 月，含量较为稳定。因此认为'早钟 6 号'枇杷叶样应采用第一次夏梢叶片较为适宜，采样时期以 9 月为适期。

已有的研究表明，供枇杷叶片营养诊断的适宜采样期及采样部位，可掌握在 8～10 月，采集当年生夏梢结果枝第 3～4 片叶。

（二）叶片样品的采集方法（含土壤样品）

枇杷叶片分析基本原理及叶样采集与处理可参考第一章荔枝。叶片样品采集方法：采集当年生夏梢结果枝，由夏梢萌发节位向上取第 3 或第 4 叶位上的成熟叶片，每片果园选定 15 株作为采样株（若属梯台果园，可确定 5 个梯台，每梯台选 3 株），每株 4 片，共 60 片叶，混合为 1 个样品。采集叶样时间为 8～10 月。土壤样品的采集方法：采集点与采集叶样株点相一致，即在上述采集叶片样品的样株中，每 3 株枇杷（或每梯台）选 1 株供采集土样，组成一个土壤样品；采样部位应在根系密集部位和树冠滴水线附近，但应避开施肥沟（穴）；采集样品时，在每株对称方向挖两个取样穴，每穴在 10cm 及 30cm 深处分别取等量的 25～50g 土样，将上述选定的 5 株所取的土壤样品均匀混合为 1 个样品（500～1 000g）。

（三）叶片营养诊断标准

与柑橘等树种相比，对枇杷营养诊断标准的研究尚欠深入、系统。现将有关枇杷叶片营养诊断标准（临界值法）介绍于下（表 3-11），以供诊断对照参考。但总体而言，尚需对枇杷叶片、土壤营养诊断标准进行较广泛的研究，以供生产上应用。诊断施肥综合法（DRIS）诊断标准的主要优点是既考虑养分浓度，又注意养分浓度的比值，因此，能对作物营养元素的需要次序进行诊断。就此而言，它可以弥补临界值法的不足。DRIS 根据植株养分平衡原理，采用浓度比计算被测对象各元素的 DRIS 指数，以指数零为理想平衡标志，按偏离零值的大小来判别其丰缺程度，并以营养平衡指标（NBI——各元素 DRIS 指数绝对值之和）作为总体营养状况的量度。因此，DRIS 指数值不仅能指出当时最重要限制因子的元素，而且可以反映出可能成为限制因子元素的排列顺序，从而有效地指导施肥。

表 3-11 枇杷叶片营养诊断标准

文 献	N（%）		P（%）		K（%）	
	适量	缺乏	适量	缺乏	适量	缺乏
日本[1]	2.0～2.5	<1.5	0.12～0.20	<0.10	1.0～1.8	<0.5
中国台湾[2]	1.4～1.6		0.12～0.20		1.0～1.8	
俞立达[3]	1.3～2.0	<1.0	0.08～0.15	<0.06	1.50～2.25	<1.50

文 献	Ca（%）		Mg（%）		Zn（mg/kg）	
	适量	缺乏	适量	缺乏	适量	缺乏
日本[1]	0.8～1.5	<0.5	0.15～0.30	<0.10		
中国台湾[2]	0.8～1.5		0.18～0.30			
俞立达[3]	1.70～2.39	<1.30	0.22～0.38	<0.18	15～20	<12

注：[1]高桥英一等，《作物的要素欠乏、过剩症》；[2]引自林嘉兴等，1994；[3]俞立达，《果树营养障碍诊断》。

谭正喜（1989）针对江苏太湖洞庭山东山'照种'枇杷进行 DRIS 营养诊断，该研究将枇杷高产群体（优良园）的叶片样品元素分析值，计算 DRIS 指数，以此作为诊断的参考基础。考虑到酸性土壤与石灰性土壤枇杷叶片元素含量有所差异，为使诊断结果有针对性，分别建立两种土壤的 DRIS 参考指标（表 3-12）。

表 3-12 '照种'枇杷的 DRIS 标准

参 数	酸性土枇杷		石灰性土枇杷	
	平均值（$\bar{X}$）	变异系数（CV）	平均值（$\bar{X}$）	变异系数（CV）
N/P	14.5	0.109	15.0	0.213
N/K	1.33	0.154	1.68	0.160
N/Ca	1.03	0.210	0.642	0.296
N/Mg	5.48	0.196	5.28	0.176

（续）

参　数	酸性土枇杷		石灰性土枇杷	
	平均值（$\bar{X}$）	变异系数（CV）	平均值（$\bar{X}$）	变异系数（CV）
100N/Fe	1.41	0.249	1.60	0.327
100N/Mn	1.09	0.363	8.33	0.268
100P/K	9.18	0.197	11.4	0.130
100P/Ca	7.14	0.263	4.47	0.376
P/Mg	0.373	0.146	0.369	0.317
100P/Fe	0.098	0.314	0.120	0.478
100P/Mn	0.075	0.377	0.537	0.356
K/Ca	0.788	0.250	0.391	0.325
K/Mg	4.18	0.234	3.21	0.224
100K/Fe	1.10	0.337	1.02	0.451
100k/Mn	0.826	0.384	4.88	0.365
Ca/Mg	5.54	0.273	9.03	0.394
100Ca/Fe	1.39	0.147	2.56	0.224
100Ca/Mn	1.09	0.401	13.2	0.303
100Mg/Fe	0.271	0.381	0.317	0.439
100Mg/Mn	0.207	0.450	1.65	0.377
Fe/Mn	0.786	0.363	5.48	0.219

谭氏采用 DRIS 指标法，对枇杷不良园进行营养诊断，同时以优良园的叶片分析作对照，并用 DRIS 指数进行诊断，结果见表 3-13。从表 3-13 可见，生长不良的树体叶片不仅缺乏元素，而且元素之间的含量比例也甚不协调，与正常叶片比较，营养平衡指标（NBI）显著增加。根据 DRIS 指数，51 园表现为明显缺 Mn，而 N、P 却相对过剩，Fe 不足；施肥技术建议：首先满足树体对 Mn 的需求，同时适当控制 N、P 施用量。与 41 园相比，68 园的突出问题则是 P 供应不足，其次是 N，而 Fe、Mn 不足，显然与土壤特性有关；因此，施肥方案应优先施 P，并从施肥方法上提高 Fe、Mn 有效性。总的看，以上元素正常园枇杷树体的 NBI 值均较小，没有严重的元素缺乏；而相应的不良园出现严重的元素缺乏。

表 3 - 13 不同生长状况枇杷叶片各元素含量及其 DRIS 指数

生长状况	编号	叶片元素含量							DRIS 指数							
		N (%)	P (%)	K (%)	Ca (%)	Mg (%)	Fe (mg/kg)	Mn (mg/kg)	N	P	K	Ca	Mg	Fe	Mn	NBI
正常	①15	1.49	0.107	1.05	1.35	0.231	98.3	156.0	2	5	-2	-3	-7	-1	6	26
不良	①51	1.76	0.123	1.15	1.39	0.303	71.6	44.3	21	20	8	7	12	-13	-55	136
正常	②41	1.62	0.117	1.12	1.97	0.380	69.5	13.7	5	5	5	-7	13	-10	-11	56
不良	②68	1.16	0.065	1.01	1.92	0.329	63.4	19.2	-10	-21	19	-3	15	-11	-11	90
正常	③11	1.26	0.078	0.77	3.27	0.229	107.0	15.3	-5	-9	-3	19	-15	8	-5	54

注：①、②和③果园土壤分别为黄红土、灰潮土和石灰性土。

庄永标等（2004）亦应用 DRIS 法对福建莆田'解放钟'枇杷园进行营养诊断，并将其产量类型分为高产园（A）与非高产园（B），根据叶片元素分析值，应用 DRIS 法诊断树体的营养状况（表 3-14）。从表 3-14 可见，2001 年枇杷树体普遍存在 P、K 不平衡问题（D_P 在-1 至-13 之间，D_K 在-8 至-29 之间，均指示 P、K 存在轻中度缺乏）；2002 年受干旱等因素的干扰，加剧了 Ca 的不平衡趋势（D_{Ca} 在-11 至-57 之间，表明 Ca 重度缺乏）。尤其是 10535、20535 两个样本，枇杷营养平衡指数（NBI）2001 年为 68，2002 年为 118，从该样本两年的 D_P、D_K、D_{Ca} 值可得出其 P、K、Ca 三种元素的失调动态，从而可提出"控磷、增钙、协调钾镁"的矫正建议。

表 3-14　福建莆田平海应用 DRIS 法营养诊断结果

群体类型	待诊样品号	6 种元素诊断结果							
		D_N	D_P	D_K	D_{Ca}	D_{Mg}	D_{Zn}	$\sum Dx$	NBI
B	10532	−2	0	−18	9	11	0	0	40
A	10533	6	−6	−8	−3	10	1	0	34
B	10534	1	−6	−10	−12	28	−1	0	58
B	10535	0	−13	−10	−9	34	−2	0	68
B	10536	−4	−12	−29	10	24	11	0	90
B	10537	0	−1	−24	−4	17	12	0	58
B	20532	−8	9	16	−11	−6	0	0	50
A	20533	−3	21	19	−33	−4	0	0	80
B	20534	9	8	−1	−34	9	9	0	70
B	20535	1	23	10	−57	25	−2	0	118
B	20536	2	−2	5	−16	11	0	0	36
B	20537	6	9	0	−31	7	1	0	62

二、枇杷合理施肥

(一) 施肥效应

近十余年来，相关科技人员对枇杷的施肥进行了研究，结果表明，施肥对枇杷植株的生长、产量和品质有一定影响。张春晓等（2003）对'冠玉'枇杷幼龄树（三年生）进行了不同施肥量的比较试验，结果表明，株施尿素 20g＋复合肥 80g（15：15：15）（每 $667m^2$ 种植 40 株），既能促进幼龄枇杷早结果（比其他处理的单位面积产量增加 23.51%～71.10%），又实现经济、科学用肥。认为在江南地区枇杷幼株采用 N：P_2O_5：K_2O 为 1：（0.4～0.6）：（0.5～0.7），对促进早果、丰产有利。因此，在施足基肥的基础上，合理补充一定配比的养分是必需的。

张忠良等（2005）对'田中'枇杷幼龄树（三年生）进行不同肥料配比对树体生长、挂果及品质的影响研究，结果表明，施用有机肥＋复合肥处理（株施磷酸铵 0.5kg＋农家肥 10～15kg）的树高、地径、冠幅最大（与单施尿素或农家肥处理相比），挂果株率最高，且株产及果实可溶性固形物、总糖含量提高。

实践证明，有机-无机肥配施对改善枇杷果实品质有良好效应。王飞等（2003）进行了初步试验，供试植株为二年生'早钟 6 号'枇杷，配对法 t 检验表明，在等氮量下，有机-无机肥配施［有机氮占 33.3%，无机氮占 66.7%（年株施粪肥 8kg，饼肥 2kg，复合肥 2.5kg）］与单施复合肥（株施 3.75kg）相比，株产量无显著差异；但其果实品质有明显改善，单果重及果实纵横径增加，可溶性固形物含量及糖酸比亦提高。

杨勇胜（2004）进行的有机-无机肥配方施肥对二至三年生'大红袍'枇杷生长结果的影响也表明，在成本投入基本相同的情况下，有机-无机配方肥按 N：P_2O_5：K_2O＝1：0.88：1.33 或 1：0.88：1.44 比例施用，可显著或极显著增加幼树结果量、单果量及果实可溶性固形物含量，单株产量比对照（单施厩肥）提高

78.4%～82.3%和74.5%～96.2%，有效地提高单位面积的产投比例，增加纯收益。

吴格娥等（2013）在贵州省采用十一年生'太城4号'植株，进行采果后氮、磷、钾基肥8个水平处理对结果母枝生长及结果影响的试验。该试验除采果后（6月30日）采用不同施肥处理外，各处理的春肥及壮果肥追肥量均相同（即尿素、钙镁磷、氯化钾分别为0.24kg、0.94kg、0.19kg及0.12kg、0.47kg、0.10kg）。试验结果表明，处理$N_1P_1K_1$（即株施尿素0.45kg、钙镁磷1.72kg、氯化钾0.35kg）＋牛粪50kg/株的综合效应最佳，中心花枝、侧生花枝、采果痕花枝3类结果母枝的茎粗、叶片数、成花枝率、坐果花枝率等均显著高于对照（$N_0P_0K_0$＋牛粪50kg），单株平均产量25.1kg，比对照产量（10.6kg/株）增加1.37倍。经统计分析，在当地土壤条件下，推荐基肥施用量为株施牛粪50kg＋尿素0.45kg＋钙镁磷1.72kg＋氯化钾0.35kg；根据全年3次施用量的统计，生产1t果实施氮量为21.2kg（其中有机氮占全年总氮量的28.3%）。

台湾苏德铨（1994）针对四年生'茂木'枇杷，在台东地区进行连续3年的田间试验，设7个处理、3个重复，其年株施化肥，第一年为N 300g、600g、900g，P_2O_5 150g、300g、450g，K_2O 200g、400g、600g。第二年改为N 200g、400g、600g，P_2O_5 90g、180g、270g，K_2O 150g、300g、450g。施肥期及施肥量为：基肥，9月中旬施用全量化肥的50%，第一次追肥1月施用30%化肥，第二次追肥3月果实收获后施用20%化肥。

试验结果表明，氮素施用量增加，可使枇杷结果枝长度、叶片数增加，但却使开花率和产量明显降低；磷肥施用稍多会降低果实糖酸度，以致影响风味；钾肥则有促进果实肥大的效果。台东产区三年生以上（四至六年生）每株全年N、P_2O_5、K_2O施用量分别为400g、180g、300g（1∶0.45∶0.75）处理，能取得较佳的产量、单果重及糖酸度［台中地区提出的三年生以上较佳施肥量N、P_2O_5、K_2O为600g、370g、450g（1∶0.63∶0.75）］，该试验也显示，氮、磷、钾肥各处理间施用量愈高者，开花期间的叶片含

N、P、K亦较高，表明叶片营养与施肥量有一定正相关性。

（二）施肥量及施肥期

合理施肥是健壮枇杷树势，增加充实的结果母枝，提高花质、坐果率、产量和果实品质的关键性措施。

根据陆修闽等（2000）的报告，'早钟6号'枇杷成熟果实养分含量为：N 1.08%，P 0.148%，K 1.67%，Ca 0.343%，Mg 0.141%，表明果实含钾量最高，含氮量次之，其各元素含量顺序为：K ＞ N＞ Ca＞ P＞ Mg。

1. 幼年树施肥　总体而言，我国枇杷园土壤肥力多处于中等或中下水平，不少园地属于较为贫瘠的红壤、赤红壤，因此，从幼龄树开始，应重视施用有机肥，逐年提高各种养分的施用量，为正常进入结果期打下基础。我国枇杷产区对枇杷幼树多采用"薄肥勤施"及"有机-无机肥结合"的原则，每年施4～6次，以氮为主，磷、钾施用量一般为氮的50%～60%。从经济、合理施肥考虑，枇杷幼树（一至二年生），每年施用氮素以15～25g为宜。同时每年还追施1～2次农家肥作基肥，每株15～20kg。试验认为，我国江南地区枇杷幼树可推荐采用N：P_2O_5：$K_2O=1$：（0.4～0.6）：（0.5～0.7）。

2. 结果树施肥　枇杷植株施肥量及施肥期，与立地条件、栽培品种、树势、结果量的差异有关。根据我国枇杷主产区的调查报告，十五至二十年生的枇杷树，每$667m^2$的施肥量为N10～15kg，$P_2O_5$6～12kg，K_2O7.5～15kg。

根据台湾的试验研究，提出枇杷不同树龄的主要元素年推荐施肥量（g/株）（台湾农委会，1985；黄金松，2001），见表3-15。

表3-15　枇杷三要素年推荐施肥量（g/株）

树龄	N	P_2O_5	K_2O
一年生	400	200	300
二年生	500	250	375
三年生以上	600	300	450

从表 3 - 15 可见，台湾台中地区施肥量偏高，尤其是枇杷幼树（一至二年生）。而通常对枇杷盛产树生产 1t 果实的施氮量为 23～30kg，其 $N：P_2O_5：K_2O$ 为 1：0.5：0.75。

成年结果树年施肥 3～4 次，可按物候期进行。

（1）开花前秋季施基肥，以增进花芽分化及开花坐果，增加植株储藏营养，并提高抗寒力。此期施用的氮、钾各占全年的 50%，磷占 40%，可采用有机和无机肥配合施用。

（2）幼果开始增长期追肥，以助果实生长发育，减少落果，并促进春梢生长及充实。此期的 N、P_2O_5、K_2O 施用量分别占全年施用量的 20%、40%、30%；肥料种类以速效肥为宜。

（3）采果前后肥，促进树势恢复，培养良好的结果母枝夏梢，为翌年丰产打下基础。此期以迟效肥为主，氮肥施用量占全年的 30%，磷、钾各占 20%。有寒害的地区，入秋增施一次以钾肥为主的肥料，以增强树体的抗寒力。

施肥方法可参考第一章荔枝。

总的原则为使用腐熟粪尿、沤肥、油粕肥等，通常可在树冠边缘附近挖沟。树冠小的，可采用环状沟；树冠扩大后，可采用长条形施肥沟，亦可采用对向轮流开沟的方法。速效氮、钾肥，开浅沟施入，或在雨后 1～2 天，均匀撒在树冠下，结合浅松土翻入土中，以减少流失；磷肥则可以与有机肥料混合施入沟中。

参 考 文 献

黄金松 . 2001. 枇杷栽培新技术 ［M］. 福州：福建科学技术出版社 .

蒋瑞华，毛艳玲，陈铁山，等 . 1999. 常太果园土壤肥力及果树营养状况 ［J］. 福建农业大学学报，28（4）：466 - 470.

李涛，张燕，张志珂，等 . 2009. AM 真菌对早钟 6 号枇杷实生苗根系生长的效应 ［J］. 福建果树（3）：14 - 18.

陆修闽，郑少泉，蒋际谋，等 . 2000. '早钟 6 号'枇杷主要元素含量的年周期变化 ［J］. 园艺学报，27（4）：240 - 244.

谭正喜 . 1989. 诊断与施肥建议综合法（DRIS）用于枇杷树体营养诊断 ［J］.

南京农业大学学报，12（4）：109-113.

王飞，李继华，李昱．2003.有机-无机肥配施在枇杷上的效应初报［J］.福建果树（1）：3-4.

吴格娥，尤章烈，邹波，等.2013.氮磷钾基肥量对枇杷结果母枝生长结果的影响［J］.中国果树（6）：18-23.

杨勇胜.2004.配方施肥对枇杷生长结果的影响［J］.贵州农业科学，32（6）：53-56.

张春晓，郑丽红，葛孝煌.2003.幼龄枇杷不同施肥量的效应［J］.福建果树（1）：9-11.

张燕，李娟，姚青，等.2012.丛枝菌根真菌对水分胁迫下枇杷实生苗生长和养分吸收的影响［J］.园艺学报，39（4）：757-762.

张忠良，曹仲根，李文华，等.2005.施肥与土壤管理对枇杷幼树生长与结果的影响［J］.西北林学院学报，20（1）：89-91.

第四章

杧果营养与施肥

第一节　杧果的营养特性

杧果是世界著名的热带果树，原产于印度至东南亚。我国栽培历史 1 300 余年，主要分布在海南、广西、广东、云南、台湾、福建和四川等省（自治区、直辖市）。

杧果属深根性果树，主根粗，且入土较深。侧根生长缓慢，数量较少，稀疏细长，分布 有明显层次。幼年树根系水平分布较窄，随树龄增长，成年树根系的水平分布超过冠径。在热带地区，杧果根系可周年生长；而在亚热带地区，受温度季节性变化的影响，根系生长亦呈周期变化。据农业部发展南亚热带作物办公室（1998）报道，在年周期中，幼树根系有 3 次生长高峰。第 1 次自 12 月始至翌年 2 月，第 2 次在春梢老熟后至夏梢萌发前，第 3 次在夏梢老熟后至秋梢萌发前。成年树有两次明显的生长高峰期，且与枝梢生长交替出现。春、夏季由于开花结果和果实生长，根系生长处于低潮，直至果实采收后秋梢抽生前，温度和湿度合适时，根系生长迅速转入第 1 次高峰，秋梢老熟后至冬季来临前，进入第 2 次根系生长高峰，此次根系生长高峰期较长，生长量较大。入冬后，上层根系生长减缓乃至停止，下层仍缓慢活动。

杧果植株对土壤性状适应性较广，以缓坡丘陵山地、台地和平地为主，土壤质地从沙壤土至轻黏土均可。最适宜的立地环境为深厚、肥沃、结构良好的微酸性至中性（pH 5.5～7.0）土壤，排灌良好，而碱性过大的石灰质土壤不宜种植杜果。吴能义等（2009）指出，杜果园生态系统是由杜果树种群及园内其他生物种群与它们所生存的土壤、气候等环境条件，通过物质循环、能量转化和信息传递等相互作用或潜在相互作用建立起来的有机整体。人们可通过生态系统中生物和环境组分诸因子进行调控，以提高杜果园生态系统的物质循环和能量转化效率，从而实现更好的经济、生态和社会效益。众所周知，养分调控是杜果园生态系统实现平衡的重要内涵，其生态系统养分的迁移过程见图 4-1。

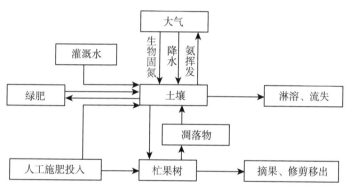

图 4-1　杜果园生态系统养分迁移示意（引自吴能义等，2009）

一、杜果树体的矿质营养成分

（一）杜果植株不同器官养分含量

据陈菁等（2001）在海南的分析，三年生盆栽'青皮芒'植株的根、茎、枝、叶的干物质及养分含量见表 4-1。由表 4-1 可见，整株杜果树各元素的总量比例为 N：P：K：Ca：Mg＝1.0：0.12：0.56：0.46：0.12。三年生植株营养生长消耗氮最多，次为钾、钙，而磷、镁最少。各器官干物质重量比例为叶：枝：茎：根＝1：1.32：3.14：3.68，植株干物质积累主要是茎及根。

表4-1　'青皮芒'不同器官干物质和养分含量

器官	总干重 (g/株)	N (%)	N总量 (g)	P (%)	P总量 (g)	K (%)	K总量 (g)	Ca (%)	Ca总量 (g)	Mg (%)	Mg总量 (g)
叶	174	2.25	3.92	0.143	0.249	0.77	1.34	1.00	1.74	0.23	0.40
枝	230	1.51	3.47	0.200	0.460	1.34	3.08	0.75	1.72	0.09	0.21
茎	546	1.13	6.17	0.160	0.874	0.08	4.37	0.60	3.28	0.10	0.55
根	640	1.33	8.51	0.159	1.020	0.57	3.65	0.53	3.39	0.24	1.54
合计			22.07		2.603		12.44		10.13		2.70

（二）杧果叶片养分含量

据 Baluyut 等（1988）报道，菲律宾杧果 11 个主产区的'卡拉博'品种叶片养分含量如下：N 1.056%～1.678%，P 0.060%～0.207%，K 0.499%～1.037%，Ca 0.995%～2.712%，Mg 0.195%～0.429%。上列数值表明，不同地区同一品种叶片主要营养元素存在明显差异。

牛治宇等（2002）对海南省'鸡蛋芒'和'秋芒'品种不同采样部位的叶片养分含量进行检测，结果表明（表4-2），不同品种、部位的杧果叶片各种养分含量有所差异。从统计分析的品种间差异来看，除 N 外（'鸡蛋芒'叶片 N 含量极显著高于'秋芒'），其他元素差异均不显著。从采样高低对叶片养分含量的影响而言，N、Ca 在两个品种中均表现出显著差异，其他元素含量的差异均不显著。采样部位高，N 含量也高；而 Ca 则相反。在'秋芒'上，叶片 P 含量也呈显著差异。Koo 等（1972）的研究证实，同一枝梢的基部叶片 P、K 含量较顶部叶片为高，N、Ca 含量则反之，Mg 及微量元素含量规律性不明显。结果枝叶片元素含量与营养枝比较，除 K 外无明显差异（表4-3）。

表 4-2 不同采样部位杜果叶片养分含量（％）

品种	采样时期（月份）	高部位					低部位				
		N	P	K	Ca	Mg	N	P	K	Ca	Mg
'鸡蛋芒'	3	1.50	0.11	0.49	2.23	0.23	1.41	0.11	0.50	2.45	0.24
	5	1.41	0.12	0.66	1.88	0.20	1.23	0.09	0.50	2.64	0.17
	7	1.58	0.15	0.69	2.13	0.28	1.53	0.14	0.63	2.32	0.28
	9	2.02	0.17	0.89	1.88	0.27	1.99	0.18	0.95	2.01	0.28
	11	2.07	0.18	0.58	1.96	0.22	1.78	0.16	0.50	2.40	0.22
	1	1.70	0.17	0.49	1.90	0.15	1.37	0.14	0.30	2.44	0.13
'秋芒'	3	1.19	0.10	0.45	2.10	0.24	1.08	0.09	0.51	2.30	0.23
	5	1.19	0.12	0.50	1.96	0.23	1.11	0.11	0.48	2.07	0.24
	7	1.27	0.12	0.50	2.07	0.28	1.22	0.12	0.53	2.07	0.28
	9	1.62	0.17	0.91	1.77	0.22	1.29	0.12	0.72	2.21	0.19
	11	1.76	0.20	1.20	1.26	0.29	1.52	0.17	0.93	1.72	0.23
	1	1.45	0.15	0.70	1.72	0.19	1.17	0.13	0.38	2.21	0.16

注：两品种株龄均为六年生，叶样分高、低部位的树冠外围各向的第 2 个稳定叶蓬进行取样。

表 4-3 叶序及枝梢类型对'爱文'杜果叶片养分含量的影响（％）

元素	年份	叶序				枝梢类型	
		基部	第 3 叶	第 6 叶	顶部	结果枝	营养枝
N	1969	1.14	1.28	1.30	1.41	1.20	1.25
	1970	1.26	1.21	1.31	1.37	0.92	0.95
P	1969	0.123	0.124	0.121	0.122	0.115	0.105
	1970	0.120	0.120	0.121	0.113	0.092	0.081
K	1969	1.12	0.90	1.01	0.96	0.54	0.55
	1970	1.04	0.99	0.88	0.80	0.80	0.83
Ca	1969	1.45	1.45	1.50	1.55	1.86	1.84
	1970	1.38	1.48	1.40	1.63	2.06	1.98
Mg	1969	0.333	0.308	0.355	0.370	0.318	0.313
	1970	0.281	0.306	0.300	0.313	0.294	0.298

陈菁等（2001）的研究也证实，不同品种间叶片元素含量存在一定的差异（表4-4），'鸡蛋芒'叶片N、P、Ca含量显著高于'青皮'和'白象牙'；K含量显著低于'青皮'和'白象牙'；Mg含量与'青皮'差异不显著，而显著低于'白象牙'。而张哲玮等（1990）的报道，叶片N、K含量受品种的影响较P、Ca、Mg为小；土壤因素则对叶片Ca、Mg的影响较明显，而树龄对叶片元素含量的影响不甚明显（表4-5）。

表4-4　不同杜果品种叶片养分含量的差异

品种	N（％）	P（％）	K（％）	Ca（％）	Mg（％）
'鸡蛋芒'	2.33 a A	0.182 a A	0.58 b B	2.42 a A	0.21 b A
'青皮'	1.94 b B	0.152 b B	0.82 a A	1.75 b B	0.22 b A
'白象牙'	1.87 b B	0.161 b AB	0.81 a A	1.77 b B	0.25 a A

注：表中3个品种数据为各不同物候期元素含量平均值；同列数据注有不同大小写英文字母表示差异达0.01及0.05显著水平。

表4-5　树龄对'爱文'杜果叶片养分含量的影响

树龄（年）	N（％）	P（％）	K（％）	Ca（％）	Mg（％）	Fe（mg/kg）	Zn（mg/kg）	Cu（mg/kg）
2	1.52a	0.089bc	0.70a	1.55b	0.20a	71a	16a	13
3	1.68a	0.079c	0.64a	1.83ab	0.22a	57a	16a	9
5	1.78a	0.097b	0.73a	1.72a	0.23a	70a	14b	26
8	1.65a	0.113a	0.84a	1.04a	0.22a	68a	20a	6
10	1.74a	0.095b	0.93a	2.15a	0.21a	54a	26a	13

注：标有不同小写英文字母表示差异达0.05显著水平。

同一品种杜果植株，在不同产量负载的情况下，其叶片元素含量存在一定的差异。陈菁等（2001）分析表明，在同一个生长周期，高产区'鸡蛋芒'的叶片N含量极显著高于低产区，而其他元素含量未见显著差异（表4-6）。前者的N素含量间的差异主要是由秋梢末次梢成熟期至开花期两者叶片含 N 量存在极显著差异造成的，而开花后两者已无显著差异。表 4-6 表明，在秋梢末次梢成熟期至花芽分化初期，高产区'鸡蛋芒'叶片 N、P、K、Mg 含量显著高于低产区，而开花期两者仅 N 素含量还存在显著差异。由此可见，海南西南部低产区'鸡蛋芒'较为缺乏的元素为 N、P、K、Mg（尤其是 N），因此也限制了产量的提高。

表4-6　高产区与低产区'鸡蛋芒'叶片元素含量的差异

时期	类型	N（%）	P（%）	K（%）	Ca（%）	Mg（%）
杧果1个生长周期	高产	2.37 a A	0.182 a	0.62 a	2.30 a	0.22 a
	低产	2.03 b B	0.171 a	0.55 a	2.17 a	0.20 a
秋梢末次梢成熟期至花芽分化期	高产	2.59 a A	0.203 a A	0.79 a A	2.03 a	0.25 a A
	低产	2.21 b B	0.186 b B	0.66 b A	2.00 a	0.22 b A
开花期	高产	2.30 a A	0.194 a	0.43 a	2.33 a	0.20 a
	低产	1.88 b B	0.181 a	0.41 a	2.32 a	0.19 a
采果前后期	高产	2.00 a	0.150 a	0.40 a	2.88 a A	0.17 a
	低产	1.90 a	0.142 a	0.46 a	2.44 a A	0.16 a

注：同列数值注有不同大小写英文字母表示差异达 0.01 及 0.05 显著水平。

关于叶片元素含量与果园产量之间关系的已有报道中，亦有认为两者关系未见明显关联的（张哲玮等，1990），例如印度 Samra 等（1978）认为，'Dashehari'品种产量大小年相差数倍，但叶片元素含量差异却无一定趋向；我国台湾许玉妹（1987）通过连续 3 年对'爱文'杧果的研究，也认为存在此种状况。

（三）杧果果实养分含量

陈菁等（2001）对海南'鸡蛋芒'果实（九成熟）养分含量的分析表明（表 4-7），果实含 K 量最高，其次为 N，而 P、Ca、Mg 含量较低。由表 4-7 检测结果可算出，每 1 000kg 果实所含各种元素总量为 N 693g，P 231g，K 1575g，Ca 225g，Mg 212g。

表 4-7　'鸡蛋芒'果实养分含量（%）

品种	N	P	K	Ca	Mg	N:P:K:Ca:Mg
'鸡蛋芒'	0.33	0.110	0.75	0.107	0.101	1:0.33:2.27:0.32:0.31

注：9 成熟'鸡蛋芒'平均单果重为 255g，平均干物重占鲜重的 21.0%。

不同地区杧果园果实带走的养分量差异较大，由表 4-8 可见（吴能义等，2009），果实带走的养分总量以 K、N 较多，Ca、P、Mg 较少。

表 4-8　不同地区杧果果实（1 000kg）带走的养分量（g）

地区	N	P	K	Ca	Mg
国外	550	72	766	234	98
海南	693	231	1 575	225	212
云南	1 500	297	2 804	—	—
广东	3 230	371	2 984	289	196

周修冲等（2000）对七至九年生'紫花芒'植株的果实分析表明（表 4-9，表 4-10），果肉、果皮及种子中 K_2O 含量最高，N 次之，P_2O_5 较少；果肉和果皮中 K_2O 含量为 N 的 2.0~2.4 倍，种子中 K_2O 含量为 N 的 1.2~1.3 倍，果实中各部位养分含量大小顺序为 K_2O > N > P_2O_5 > Ca、Mg > S。

表 4-9　果实各部位养分含量及比例（1998）

地点	部位	N	P	K	Ca	Mg	S	N:P_2O_5:K_2O:Ca:Mg:S
深圳	A	0.098	0.037	0.200	0.015	0.010	0.009	1:0.38:2.04:0.15:0.10:0.09
	B	0.688	0.335	0.813	0.084	0.115	0.063	1:0.49:1.18:0.12:0.17:0.09
三水	A	0.102	0.041	0.241	0.015	0.011	0.011	1:0.40:2.36:0.15:0.11:0.11
	B	0.809	0.330	1.070	0.119	0.149	0.071	1:0.41:1.32:0.15:0.18:0.09

注：A 为果肉+果皮，占鲜重%；B 为种子，占干重%。

从表4-10可见，深圳和三水在配施 N、P、K、Ca、Mg、S 肥条件下，果实产量分别为每 667m² 889.2kg 和 1 244.5kg，其养分吸收比例 N：P₂O₅：K₂O：Ca：Mg：S＝1：（0.40～0.42）：（1.76～2.00）：（0.14～0.15）：（0.12～0.13）：0.10，从而显示其果实养分吸收量的大小顺序，与上述果实中各部位养分含量大小顺序基本一致。

表4-10　果实养分吸收量及比例（1998）

地点	产量	N	P₂O₅	K₂O	Ca	Mg	S	N：P₂O₅：K₂O：Ca：Mg：S
深圳	13 338（kg/hm²）	17.7	7.4	31.1	2.6	2.2	1.7	1：0.42：1.76：0.15：0.12：0.10
三水	18 668（kg/hm²）	22.4	9.0	44.7	3.2	3.0	2.3	1：0.40：2.00：0.14：0.13：0.10

廖香俊等（2008）对海南7个杧果主产区的3个品种果实采样分析，结果表明（表4-11），不同品种间 K、Ca、Mg、P 含量相近，而其他元素含量差异较明显，其中'白象牙'果实含 Fe 和 Zn 量居首（Fe 332.30mg/kg，Zn 128.54mg/kg），'台农1号'含 Mn 量最高（72.06mg/kg）。

表4-11　海南3个杧果品种果实养分含量

品种	项目	K（%）	P（%）	Ca（%）	Mg（%）	Fe（mg/kg）	Mn（mg/kg）	Zn（mg/kg）
'鸡蛋芒'	平均值	0.80	0.095	0.04	0.06	89.71	21.63	23.24
	标准差	±0.26	±0.015	±0.05	±0.01	±68.29	±20.67	±77.76
'白象牙'	平均值	0.82	0.094	0.04	0.05	332.30	34.44	128.54
	标准差	±0.15	±0.019	±0.04	±0.01	±188.64	±58.56	±45.34
'台农1号'	平均值	0.85	0.078	0.05	0.05	234.60	72.06	25.06
	标准差	±0.09	±0.019	±0.01	±0.01	±122.24	±56.94	±45.34
区域平均值		0.82	0.091	0.04	0.05	232.96	38.91	71.52

二、杧果叶片、果实矿质元素含量的季节性变化

（一）杧果叶片元素含量的年周期变化

白亭玉等（2014）在广西田东地区，对'桂热芒82号'品种叶片 N、P、K、Ca、Mg、S 含量进行年周期变化分析，结果表明（表4-12），该品种年生长周期分为4个阶段：营养生长期（8～12月）、生殖生长期（12月至翌年2月）、果实膨大期（2～5月）、果实成熟期（5～7月）。年均叶片养分含量，第一蓬叶中 $Ca>N>K>Mg>S>P$，第二蓬叶中 $Ca>N>K>S>Mg>P$。各阶段叶片养分含量变化规律有所差异，而第一、二蓬叶变化规律基本相同。

表4-12 '桂热芒82号'第一、二蓬叶养分含量年周期变化（g/kg）

元素	处理	9月	10月	11月	12月	1月	2月	3月	5月	6月	7月	8月
N	第一蓬	14.95	13.29	14.71	14.94	15.95	15.01	18.75	16.91	12.29	16.72	15.44
	第二蓬	13.50	14.52	12.42	14.88	16.35	13.94	18.96	13.84	11.71	15.54	13.44
P	第一蓬	1.41	1.28	1.52	1.11	1.12	1.14	1.02	1.65	0.88	1.65	1.77
	第二蓬	1.20	1.27	1.24	1.12	1.19	1.27	1.06	0.91	1.05	1.36	1.30
K	第一蓬	7.52	8.84	9.28	8.00	14.63	7.04	8.49	9.01	2.54	8.03	8.35
	第二蓬	6.25	8.39	9.69	8.38	15.48	7.29	8.90	4.74	2.77	6.48	6.60
Ca	第一蓬	11.24	11.15	14.05	25.64	24.12	21.82	23.65	24.20	33.36	14.35	14.52
	第二蓬	17.22	14.32	16.02	29.14	23.75	21.84	23.28	30.07	35.30	19.84	24.98
Mg	第一蓬	1.99	1.77	1.67	1.70	1.65	1.70	1.62	2.63	1.29	2.45	2.38
	第二蓬	1.65	1.36	1.40	1.54	1.47	1.50	1.48	1.36	1.08	1.88	2.40
S	第一蓬	1.54	1.88	1.98	1.84	1.86	1.74	1.56	1.68	1.32	1.35	1.50
	第二蓬	1.78	2.17	2.04	1.88	1.61	1.94	1.33	1.46	1.80	1.83	1.63

由表4-12可见，全年中叶片N含量，在9月至翌年3月呈上升趋势，3月底达最高值，5月后呈下降趋势，6～8月N含量上升且趋平稳。全年中叶片P含量，9月至翌年5月略有下降，5月降至最低值（第二蓬叶0.91g/kg），6～8月P含量上升，并达最高值。全年中叶片K含量，9月至翌年1月明显上升，1月达最高值，1～3月K含量下降，6月底降至最低值，此后又上升。全年中叶片Ca含量，9月至翌年6月呈上升趋势，6月达最高值，7～8月含量下降。全年中叶片Mg含量，9月至翌年6月呈下降趋势，6月降至最低值，此后又上升。全年中叶片S含量变化趋势不明显。总体来看，该品种第一蓬叶和第二蓬叶养分含量变化规律基本一致，从全年平均含量而言，第一蓬叶N、P、K、Mg含量＞第二蓬叶，第二蓬叶Ca、S含量＞第一蓬叶。

陈菁等（2001）在海南儋州、昌江两地，对三个杧果品种叶片养分含量年周期变化进行观察，结果显示（图4-2、图4-3、图4-4），三个品种叶片养分含量物候期变化规律大致相同。N、P、K、Mg含量均在秋梢末次梢成熟期达最大值，此后直至花芽分化初期，其含量基本上保持稳定，开花后其含量显著下降，在采果前降至最低值；而叶片Ca含量，在秋梢末次梢成熟期为最低值，开花后其含量却显著上升，此后直至采果后期，叶片Ca含量则缓慢上升。

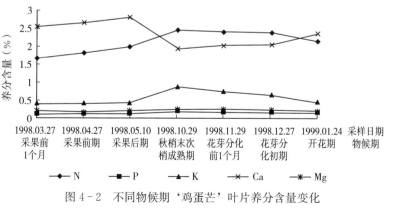

图4-2　不同物候期‘鸡蛋芒’叶片养分含量变化

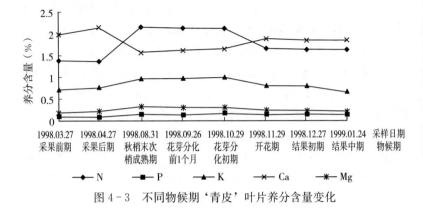

图 4-3　不同物候期'青皮'叶片养分含量变化

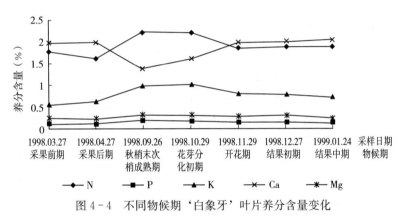

图 4-4　不同物候期'白象牙'叶片养分含量变化

张文等（2012）在海南昌江对'台农芒'和'金煌芒'叶片元素含量年周期变化动态进行分析，结果表明（表 4-13、表 4-14），杧果叶片养分含量在不同品种、不同物候期之间存在显著的差异。

表 4-13　不同时期'台农芒'叶片养分含量变化

年-月	N （%）	P （%）	K （%）	Ca （%）	Mg （%）	Fe （mg/kg）	Cu （mg/kg）	Zn （mg/kg）
2010-06	1.57	0.128	0.567	2.22	0.141	257	76	57
2010-07	1.75	0.139	0.492	2.19	0.194	226	85	62

（续）

年-月	N (%)	P (%)	K (%)	Ca (%)	Mg (%)	Fe (mg/kg)	Cu (mg/kg)	Zn (mg/kg)
2010－08	1.79	0.145	0.810	2.19	0.217	206	87	56
2010－09	1.57	0.113	0.813	1.91	0.209	153	35	54
2010－10	1.60	0.142	0.760	2.01	0.245	151	36	52
2010－11	1.65	0.131	0.889	1.60	0.231	129	60	56
2010－12	1.68	0.132	0.863	1.69	0.232	171	45	60
2011－01	1.70	0.105	0.975	1.79	0.193	160	35	63
2011－02	1.59	0.089	0.986	2.17	0.164	142	26	53
2011－03	1.47	0.082	0.658	2.07	0.144	139	21	56
2011－04	1.58	0.082	0.704	1.83	0.134	145	23	62

注：树龄七年生，叶样为树冠中上部各向修剪后抽出的新梢上的老熟叶片。

表4－14 不同时期'金煌芒'叶片养分含量变化

年-月	N (%)	P (%)	K (%)	Ca (%)	Mg (%)	Fe (mg/kg)	Cu (mg/kg)	Zn (mg/kg)
2010－06	1.43	0.082	0.628	1.69	0.138	221	74	53
2010－07	1.48	0.083	0.472	1.74	0.144	199	78	47
2010－08	1.48	0.073	0.732	1.84	0.176	230	87	41
2010－09	1.54	0.095	0.560	1.55	0.158	159	57	45
2010－10	1.43	0.104	0.637	1.36	0.173	145	39	39
2010－11	1.50	0.104	0.728	1.74	0.202	127	53	39
2010－12	1.55	0.094	0.783	1.34	0.199	155	59	46
2011－01	1.52	0.085	0.801	1.23	0.173	134	46	46
2011－02	1.46	0.069	0.932	1.41	0.146	147	31	44
2011－03	1.44	0.086	0.740	1.52	0.133	126	26	47
2011－04	1.61	0.084	0.721	1.32	0.147	133	28	52

注：树龄七年生，叶样为树冠中上部各向修剪后抽出的新梢上的老熟叶片。

　　总体而言，叶片 N、P、K、Mg 含量在杜果开花前基本保持在一个水平上，至开花时，养分从叶片转移至花芽中，致使叶 N、P、K、Mg 含量呈明显下降趋势。此与陈菁等（2001）报道类似。叶片中的 Ca 在树体内移动性较差，故其含量基本反映出叶片吸收 Ca 的量和生长"稀释"的平衡结果。从微量元素含量年周期变化看，Fe、Cu、Zn 含量变化规律性不明显。该研究还显示出，不同杜果品种叶片元素含量有明显差异，基本上'台农芒'叶片养分含量高于'金煌芒'；且两品种周年各元素含量动态变化趋势基本一致。此外，两品种叶片元素含量大小顺序为 Ca＞ N＞ K＞Mg＞P＞Fe＞Zn＞Cu。

　　关于叶龄对叶片元素含量的影响，美国的 Koo 等（1972），印度的 Chadha 等（1980），以及我国台湾的李国权（1979）在以往的报道均有类似的结果，通常叶片 P、K 含量随叶龄增长而降低，Ca、Mn 含量则逐渐增加（图 4-5，表 4-15、表 4-16），其他元素的变化趋势较不稳定。

表 4-15　叶龄对'Chausa'杜果叶片养分含量的影响

时间	N（%）	P（%）	K（%）	Ca（%）	Mg（%）
1976 年 11 月	1.28	0.152	1.07	0.91	0.20
1976 年 12 月	1.18	0.118	0.98	1.08	0.29
1977 年 1 月	1.19	0.098	0.81	1.22	0.32
1977 年 2 月	1.17	0.090	0.77	1.31	0.34
1977 年 3 月	1.20	0.084	0.81	1.40	0.32
1977 年 4 月	1.17	0.073	0.70	1.59	0.35
1977 年 5 月	1.17	0.073	0.64	1.67	0.33
1977 年 6 月	1.17	0.073	0.58	1.72	0.33
1977 年 7 月	1.16	0.066	0.57	1.88	0.31
1977 年 8 月	1.28	0.073	0.48	1.91	0.34

（续）

时间	N（%）	P（%）	K（%）	Ca（%）	Mg（%）
1977 年 9 月	1.29	0.070	0.54	2.07	0.33
1977 年 10 月	1.30	0.077	0.42	2.12	0.37
平均	1.21	0.087	0.70	1.57	0.33
5%显著水平	0.032	0.002 9	0.024	0.041	0.010
1%极显著水平	0.042	0.003 8	0.032	0.053	0.025

时间	S（mg/kg）	Zn（mg/kg）	Cu（mg/kg）	Mn（mg/kg）	Fe（mg/kg）
1976 年 11 月	0.088	20	12	27	105
1976 年 12 月	0.081	28	11	32	153
1977 年 1 月	0.105	28	11	46	171
1977 年 2 月	0.088	14	8	46	129
1977 年 3 月	0.114	15	12	54	193
1977 年 4 月	0.113	13	11	63	156
1977 年 5 月	0.114	13	10	63	154
1977 年 6 月	0.115	12	12	78	169
1977 年 7 月	0.113	17	21	100	143
1977 年 8 月	0.119	22	22	87	108
1977 年 9 月	0.139	15	14	112	145
1977 年 10 月	0.132	50	17	100	182
平均	0.111	21	13	67	153
5%显著水平	0.003 9	2.0	1.3	6.7	13.4
1%极显著水平	0.005 1	2.7	1.7	8.8	17.6

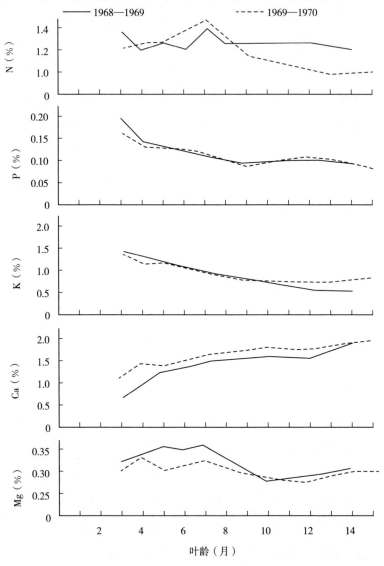

图 4-5 叶龄对'爱文'杜果叶片养分含量的影响

表 4 - 16　'爱文'杧果叶片养分含量的季节性变化

时　期	N (%)	P (%)	K (%)	Ca (%)	Mg (%)	Fe (mg/kg)	Zn (mg/kg)	Mn (mg/kg)	Cu (mg/kg)
1976 年 9 月	1.92a	0.171a	0.79a	1.89b	0.30a	100bc	22b	63b	6d
1976 年 10 月	1.91a	0.150b	0.63ab	1.44c	0.21b	91c	20b	51b	7cd
1976 年 11 月	1.42bc	0.150b	0.71a	1.39c	0.22b	95c	21b	59b	10a
1976 年 12 月	1.54b	0.136bc	0.63ab	1.99b	0.21b	130a	18b	73b	10a
1977 年 2 月	1.55b	0.117cd	0.56b	2.36ab	0.21b	112abc	21b	82b	6cd
1977 年 3 月	1.37bc	0.092de	0.52b	2.70a	0.22b	114ab	40a	129a	7bcd
1977 年 4 月	1.32c	0.081c	0.64ab	2.23b	0.22b	91bc	29b	118b	8bc

注：同列数值注有不同小写英文字母表示差异达 5% 显著水平。

（二）杧果果实元素含量的年周期变化

杧果果实从幼果开始增大至果实成熟，需 80～150d。果实生长发育模式呈单 S 型，初期生长缓慢，中期加速生长并达最高速度，后期增长速度减缓，至成熟前 2～3 周（有些品种更早）基本停止增长。杧果果实生长发育期养分含量变化亦呈一定的规律。陈菁等（2001）的观察表明（表 4 - 17），'鸡蛋杧'果实养分积累也属单 S型（分为 3 个阶段）。第 1 阶段从开花坐果至坐果后 36 天，为缓慢积累阶段，养分吸收量只占养分总吸收量的 11.7%～26.5%；第 2 阶段为坐果后 36 天至 61 天，为快速积累阶段，养分吸收量占养分总吸收量的 67.8%～85.0%；第 3 阶段为坐果后 61 天至 82 天，为缓慢积累阶段，养分吸收量仅占总吸收量的 17.0% 以下。

表 4 - 17　'鸡蛋杧'果实生长发育期各种养分总量

坐果天数 (d)	单果鲜重 (g)	果实含水量 (%)	N (g)	P (g)	K (g)	Ca (g)	Mg (g)
36	20.7	78.2	0.070 c B	0.008 b B	0.047 c C	0.009 c C	0.008 c C
49	74.2	78.3	0.116 b AB	0.022 b B	0.166 b B	0.026 b B	0.026 b B
61	177.0	78.5	0.167 ab A	0.049 a A	0.370 a A	0.060 a A	0.049 a A
82	255.0	79.0	0.177 a A	0.059 a A	0.402 a A	0.057 a A	0.054 a A

注：同列数值注有不同大小英文字母，表示差异达 0.01、0.05 显著水平。

　　张承林等（1997）在广州选择六年生'紫花杧3号'品种植株，进行果实钙吸收动态与果实发育关系的研究，证实了果实钙吸收变化动态与果实生长发育均呈单S型（图4-6）。试验结果表明，果实钙素最大吸收期出现在果实快速生长期（坐果后35～50天），此期吸收量约占果实总钙量的90％。钙吸收速率与果实鲜重增长速率呈正相关（图4-7）。果实成熟前，吸收量减少，最后出现轻微负增长。

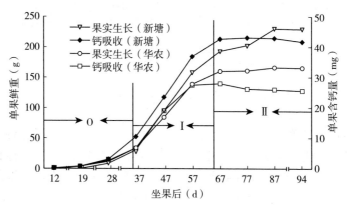

图4-6　'紫花杧3号'果实生长与钙吸收曲线

注：O：缓慢生长阶段；Ⅰ：指数生长阶段；Ⅱ：缓慢生长阶段

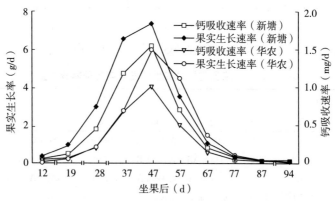

图4-7　'紫花杧3号'果实生长速率与钙吸收速率曲线

三、杧果园土壤养分状况

我国南方杧果园土壤状况差异较大。廖香俊等（2008）对海南省杧果主产区（昌江、东方、乐东、三亚、陵水、文昌、琼海）土壤状况进行了广泛的调查研究，调查地区包括三类母质土壤（其在海南分布面积大，具有种植区土壤环境良好的代表性），研究结果见表4-18。

表4-18　海南杧果园土壤主要养分含量

土壤类型	全N (%)	全P (%)	全K (%)	有机质 (%)	速效N (mg/kg)	有效P (mg/kg)	速效K (mg/kg)	缓效K (mg/kg)	pH
花岗岩土	0.06	2.32	0.21	1.21	11.42	2.15	105.91	471.25	6.23
砂页岩土	0.09	1.32	0.51	1.49	16.58	2.13	124.48	597.20	6.13
浅海沉积	0.03	1.67	0.15	0.58	6.51	6.71	54.29	176.81	6.15
全区	0.06	1.74	0.33	1.23	12.92	2.84	105.05	480.17	6.18
1级	>0.2	>3.5	>0.22	>4	>150	>40	>200		
2级	0.151~0.2	1.81~3.5	0.18~0.21	3~4	121~150	21~40	151~200		
3级	0.11~0.15	1.21~1.8	0.14~0.18	2~3	91~120	11~20	101~150		
4级	0.076~0.10	0.91~1.2	0.091~0.14	1~2	61~90	6~10	51~100		
5级	0.051~0.075	0.61~0.9	0.041~0.09	0.61~1.0	31~60	4~5	31~50		
6级	≤0.05	≤0.6	≤0.04	≤0.6	≤30	≤3.9	≤30		

由表4-18可见，调查区土壤有机质、全氮含量平均偏低，分别为4级和5级的标准，浅海沉积物类土壤仅为6级标准；土壤全钾含量较高，其中花岗岩类土壤全钾和缓效性钾含量达2~3级标准，浅海沉积物土壤有效钾含量最低；全磷含量为5~6级，有效磷含量为4~5级。pH最高为7.09，最低为4.42；酸性土壤占样本数的55%，中性土壤占样本数的45%。土壤中量、微量及有益元素含量见表4-19，与世界和中国土壤平均值相比，主要是Ca、Mg、B、Ni含量较低，而Cu、Mn含量较高。总体而言，海南杧

果园土壤养分状况为：有机质、全氮、有效磷含量较低，均为 4 级以下水平；钾含量较高，缓效钾可达 3 级以上水平；浅海沉积物类土壤各种养分含量均较低；区内土壤 pH 多为酸性，最低 pH 4.02，最高 pH 7.09。区内土壤 Ca、Mg、B、Ni 含量较低，Cu、Mn 含量较高。从土壤有害元素含量状况来看，海南杧果园土壤环境质量较好。吴能义等（2009）总结了广东杧果园土壤养分的基本状况，指出其杧果园土壤 0～50cm 土层有效氮含量低于 75μg/ml 的临界值，有效磷、钾含量 0～20cm 土层仅约一半的土样超过临界值，而 20～50cm 土层基本低于临界值；有效钙、镁含量大体偏低。认为广东杧果的平衡施肥可侧重于 N、P、Ca、K 和 Mg 等元素。曾柱发等（2003）对广东东莞花岗岩发育的赤红壤杧果园土壤养分状况的研究表明（表 4-20），该地杧果园土壤肥力水平偏低，酸度偏高，氮、磷含量不足，矿质元素有效性含量缺乏，有效硼含量严重不足。因此，应就杧果园土壤肥力状况有针对性地进行调控。

表 4-19　海南杧果园土壤其他养分含量

类型	状态	Mg	Ca	Fe	Cu	Zn	Co	Mo	Mn	Ni	B
花岗岩	全量	0.184	0.140	2.505	53.9	50.3	6.2	2.4	306.5	7.6	21.2
	有效态	62.905	293.153	35.783	8.9	12.3	0.4	0.4	62.0	0.6	0.2
砂页岩	全量	0.789	0.503	4.705	55.6	60.0	13.5	4.1	1 222.2	22.5	96.8
	有效态	89.432	299.400	26.161	2.7	14.3	0.9	0.6	73.7	1.0	0.3
浅海沉积	全量	0.053	0.062	1.164	20.0	22.3	4.1	3.0	443.0	4.6	8.5
	有效态	15.025	78.913	26.938	1.1	6.8	0.3	0.6	44.3	0.3	0.2
区内土壤	全量	0.411	0.276	3.222	48.7	49.4	8.8	3.2	708.5	13.3	45.5
	有效态	65.535	258.474	30.362	4.9	12.2	0.6	0.5	63.8	0.8	0.2
世界		0.75	1.49	3.75	20	50		2.3	850	40	80
中国		0.96	1.68	2.94	22.5	67.7	15	1.2	482	35	64

注：全量 Mg、Ca、Fe 单位为%，其余单位为 mg/kg；有效态单位为 μg/kg。

表 4-20 广东东莞植物园杜果场 0~20cm 土层养分含量

采样地点	石砾>2mm (%)	pH	有机质 (%)	全N (%)	全P (%)	全K (%)	速效养分 (mg/kg)					
							P	K	Na	Ca	Mg	B
2号山南坡	11.26	4.97	0.703	0.074	0.035	1.210	3.01	85.70	31.01	81.52	8.01	0.033
3号山东北坡	13.95	4.64	1.272	0.110	0.025	0.881	3.32	54.78	32.36	81.72	7.53	0.033
4号山东北坡	11.04	4.84	1.620	0.158	0.029	0.858	3.83	68.23	28.47	147.35	8.98	0.061
2号山东坡	9.13	4.91	0.820	0.138	0.029	0.587	3.12	87.82	35.95	79.22	7.33	0.061

四、若干因素与矿质元素含量间的相关性

(一) 杜果园土壤 pH 与土壤有效养分的相关性

诸多的研究报告指出，果园土壤 pH 与有效养分的相关性较为密切 (谢志南等，1997)，杜果园土壤亦不例外。陈菁等 (1999) 探讨了海南杜果主产区 (6 县、市) 土壤 pH 与有效养分含量的相关性，结果表明 (表 4-21)，土壤 pH 与有效性镁、铁含量间呈极显著相关，与有效氮、钙含量间呈显著相关。由此证实土壤不同养分含量的有效性受土壤 pH 的影响存在一定的差异，在该调查区中，有些养分有效性与 pH 关系密切，而有些则未见明显关系，此与各地土壤条件的差异有关。

表 4-21 海南杜果园土壤 pH (Y) 与有效养分含量 (X) 的相关性

项 目	相关系数	回归方程
碱解 N	-0.489 5*	$Y=63.88-5.903X$
有效 P	-0.302 4	
速效 K	0.391 9	
交换态 Ca	0.432 4*	$Y=1.372X-4.471$
交换态 Mg	0.541 3**	$Y=0.708 6X-2.759$

（续）

项　目	相关系数	回归方程
有效 B	0.257 5	
有效 Cu	0.062 0	
有效 Fe	−0.551 6[**]	$Y=64.202-8.490\ 8X$
代换态 Mn	−0.061 3	
有效 Zn	0.080 6	

注：供试土壤 pH 为 4.05～6.87，＊、＊＊分别表示达 0.05、0.01 显著水平。

（二）杧果园土壤元素含量与果实、叶片元素含量间的相关性

廖香俊等（2008）的研究指出，杧果果实、叶片元素含量与土壤该元素含量的比值，称为植株的生物吸收系数，它代表该种元素在果实、叶片中的富集效果。杧果果实的生物吸收系数见图 4-8 及图 4-9，由图可知，杧果果实对土壤 N、S、P 元素的生物吸收系数较大，K、Ca、Mg 生物吸收系数较小；微量元素中 Cu、Zn、Mo 的生物吸收系数较大，尤其是‘象牙杧’对 Cu 有较大的吸收系数，因此若在 Cu 污染土壤上栽培‘象牙杧’，易导致果实 Cu 超标。

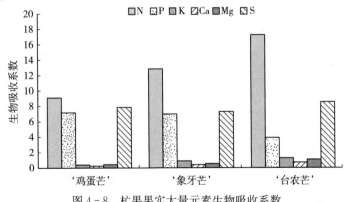

图 4-8　杧果果实大量元素生物吸收系数

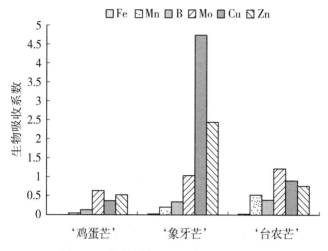

图 4-9 杧果果实微量元素生物吸收系数

廖香俊等（2008）还指出，杧果叶片对 N、P、Ca 的生物吸收系数较大，但对 K、Mg 的生物吸收系数则较小；杧果叶片对微量元素的生物吸收系数表现为 Mn 的累积，其叶片对 Mn 的生物吸收系数分别为'象牙杧'（17.30）＞'台农杧'（7.17）＞'鸡蛋杧'（2.32）。

（三）杧果产量与叶片元素含量间的相关性

许多研究者初步探讨了杧果产量与叶片元素含量间的相互关系，彭智平等（2006）在广东 10 个县、市进行了大样本的采样分析（$n=215$），并将采样株划分为高产树组（株产≥10.0kg）和低产树组（株产＜10.0kg），两组产量经 t 测验差异达极显著水平。分析结果表明，低产树叶片（两组均以成熟秋梢中部叶片作为取样部位）含 N 1.703%、P 0.149%、K 0.794%、Ca 1.30%、Mg 0.164%；高产树叶片含 N 1.747%、P 0.161%、K 0.864%、Ca 1.80%、Mg 0.196%。根据两组产量类型所得数值进行了产量与叶片元素含量间相关系数统计（表 4-22、表 4-23）。

表 4 - 22　高产杧果树产量（Y）与叶片元素含量的相关

矩阵（$n=64$，$r_{0.05}=0.250$，$r_{0.01}=0.321$）

项目	Y	N	P	K	Ca	Mg
Y	1.000					
N	0.057	1.000				
P	−0.114	−0.065	1.000			
K	0.321**	0.461**	−0.121	1.000		
Ca	0.054	−0.335**	0.026	−0.525**	1.000	
Mg	0.434**	0.006	0.125	−0.249*	0.435**	1.000

注：*、** 分别表示达 0.05、0.01 显著水平。

　　低产树叶片 N、P、K、Ca、Mg 含量与产量的相关系数分别为 0.245、0.140、0.464、0.404 和 0.333，其中 N、K、Ca、Mg 含量与产量呈极显著相关；而高产树仅 K、Mg 含量与产量间达显著相关，相关系数分别为 0.321 和 0.434，从而反映出低产树叶片元素含量与产量间的相关性较明显。彭氏等（2006）通过通径分析认为，由于低产树叶片元素含量较低，叶片养分对产量的直接作用较高产树明显，而高产树养分对产量的贡献很大程度上依靠养分之间的相互作用，这与高产树叶片养分达到相对适宜水平有关。

表 4 - 23　低产杧果树产量（Y）与叶片元素含量的相关矩阵

（$n=151$，$r_{0.05}=0.165$，$r_{0.01}=0.210$）

项目	Y	N	P	K	Ca	Mg
Y	1.000					
N	0.245**	1.000				
P	0.140	−0.052	1.000			
K	0.464**	0.041	−0.353**	1.000		
Ca	0.404**	−0.099	0.304**	−0.418**	1.000	
Mg	0.333**	0.084	0.362**	−0.049	0.340**	1.000

注：*、** 分别表示达 0.05、0.01 显著水平。

（四）杜果园土壤元素含量与果实品质间的相关性

廖香俊等（2008）对杜果果实营养组分与土壤矿质元素的相关分析表明（表4-24），果实总糖、可溶性糖与土壤P、Zn关系密切，可溶性固形物含量与土壤P、Fe含量关系密切，有机酸含量与土壤Fe含量关系较为密切，土壤Mo含量与果实可溶性固形物、总糖、可溶性糖含量呈极显著相关或显著负相关。由此可见，土壤有效P、Zn含量较高对杜果果实品质有良好作用。

表4-24 杜果果实营养组分与土壤元素有效态含量的相关系数

营养物质	Zn	P	Fe	S	Mo	B
总糖	0.631**	0.637**	0.369	−0.461	−0.587*	−0.360
可溶性糖	0.535*	0.737**	0.417	−0.403	−0.605*	−0.351
可溶性固形物	0.420*	0.740**	0.626**	−0.380	−0.660**	−0.280
有机酸	0.007	0.112	0.474*	0.251	−0.271	−0.383

注：*、**分别表示达0.05、0.01显著水平。

第二节 杜果的营养诊断

一、树体营养诊断

诸多学者对果树的营养诊断技术已做过长期、系统的研究（庄伊美，1994），基本观点较为一致，即采用此项技术时应将植株营养诊断与土壤营养诊断相结合，并以叶片营养诊断为主，土壤营养诊断为辅。杜果的营养诊断技术，通常亦应遵循此原则。

（一）叶片样品采集时期、采集部位及采集方法

印度Chadha等（1980）对十五年生'Chausa'品种植株进行采样分析，结果显示，秋梢（10月）叶片氮、磷、钾、锌含量初期下降，或与叶片迅速扩展和干物质积累有关。继而这些营养物质的吸收速率超过叶片扩展和干物质积累的速率，从而使叶片中的营养物质增加，这些充足的营养可用于下一生长周期。叶片钙、镁、

硫、锰含量不断增加，可能归因于这些元素的吸收率高及其在植株内的固定性。总体看来，6～9月，叶片氮含量在统计学上保持稳定；6～7月，叶片磷、铜、锰和铁含量保持稳定；而8～9月的叶钾含量和9～10月的叶钙量保持稳定；7～8月叶镁量、6～8月叶锌量和5～9月叶硫含量亦保持稳定。由此可见，营养性秋梢叶龄6～7个月的叶片（钾和钙除外）所有元素含量均相似。此与1964年美国Chapman建议选取6～7月龄的叶片来测定杧果营养水平相一致。

美国佛罗里达州Koo等（1972）认为，结果枝叶片4～6月龄，从基部向上数第3至6叶为较合理的取样部位，因为此时期及部位的叶片元素浓度变化较为平缓。值得指出，Koo等早期建议采叶时间为5～7月，1972年的试验报告修改为11月至翌年2月。而Devrani和Ram则认为，大年应取6～8月龄叶片，小年取4～6月龄叶片。我国台湾李国权（1979）指出，杧果叶片营养诊断的取样依据Koo等的方法，采集花穗下第1节枝条中部的叶片，采样时间为翌年1月。张文等（2012）认为，海南'台农芒'和'金煌芒'两品种的叶片营养诊断适宜采样时期为10月左右，其叶片N、P、K、Mg等含量在8～12月较为稳定。牛治宇等（2002）对海南的'秋芒'和'鸡蛋芒'叶片营养规律进行过研究，其采叶部位为结果树树冠外围各向枝梢的第2个稳定叶蓬的叶片，而适宜采叶样期为这两个品种各自采果后1个月左右（即'鸡蛋芒'在5月，'秋芒'在7月）。彭智平等（2006）在广东进行的研究则采集成熟秋梢的中部叶片作为取样部位。

叶片样品采集方法：鉴于上述研究者所针对的杧果品种不同、地区差异以及试验条件不一等因素，使得叶片采样时间不尽相同。但依我国主产区海南等地的试验，采集叶样时间为10月左右。采集成熟秋梢中部叶片，每片果园选定15～20株作为采样株，在每株树的东、南、西、北向采集4～6片叶，共60～120片叶，混合为1个样品，具体的叶片样本采集与处理可参考第一章荔枝。

（二）叶片营养诊断标准

由于各地栽培品种、生态条件、管理水平以及采样技术等的差异，不同地区所提出的叶片元素含量的适宜标准存在一定差异。现引用各地报道以供参考。根据 Young 及 Koo（1972）的报道，美国佛罗里达州杞果叶片大量元素含量的适宜范围为 N 1.0％～1.5％，P 0.080％～0.175％，K 0.3％～0.8％，Ca 2.0％～3.5％（酸性土）、3.0％～5.0％（碱性土），Mg 0.15％～0.40％。Reuther 等（1986）依据不同国家和地区提出的分析结果，整理出杞果叶片元素含量适宜值为：N 1.0％～1.5％，P 0.08％～0.18％，K 0.3％～1.2％（缺乏值＜0.25％，准缺乏值 0.25％～0.30％），Ca 2.0％～3.5％（酸性土）、3.0％～5.0％（碱性土），Mg 0.2％～0.4％，Cu 10～20mg/kg，Zn 20～150mg/kg（缺乏值＜15mg/kg），Mn 60～500 mg/kg，Fe 70～200 mg/kg，B 50～100 mg/kg。

我国台湾王银波（1990）提出的叶片营养诊断标准为：N 1.4％～1.7％，P 0.10％～0.15％，K 0.9％～1.2％，Ca 1.0％～1.8％，Mg 0.20％～0.35％；Fe 60～120mg/kg，Mn 30～200 mg/kg，Zn 20～100mg/kg，Cu 5～20mg/kg。

吴能义等（2009）报道我国海南、广东制订的杞果叶片养分适宜指标为：海南 N 1.60％～1.75％，P 0.13％～0.15％，K 0.86％～1.02％，Ca 1.60％～1.80％，Mg 0.26％～0.28％；广东 N 1.60％～1.88％，P 0.14％～0.18％，K 0.72％～0.98％，Ca 1.43％～2.15％，Mg 0.18％～0.28％。

二、土壤营养诊断

陈琼贤等（1994）和韦家少等（1999）报道，他们运用"土壤养分状况系统研究法"进行杞果园土壤矿质营养诊断取得了显著的效果。该法由美国 A. H. Hunter 于 1980 年首次提出。此法依据供试土壤 11 种土壤营养元素的有效态含量和 8 种营养元素的吸附试验结果，综合评价土壤养分状况，并参照土壤各种营养元素的临界值，拟订网室盆栽试验设计方案，最终由作物的生长效应判断养分限制因子及严重程度。此法排除了最小养分因子律的制约和土壤吸附固定能力差异的干扰，故其试验研究更能反映土壤的营养状况，从而为肥料的田间试验设计提供大量、可靠的信息，使田间试验设计针对性强，同时可通过有限的田间试验获得较为准确的结果。我国陈琼贤等（1994）、韦家少等（1999）分别在广东、海南杜果主产区进行了土壤矿质营养诊断。从广东省农业科学院土壤肥料研究所对杜果园土壤营养状况的诊断结果看，基本上能反映该地区杜果园土壤养分状况，其杜果园土壤 $0 \sim 50cm$ 土层有效氮含量低于 $75\mu g/ml$ 临界值；有效磷、钾含量 $0 \sim 20cm$ 土层均仅约一半土样超过临界值，而 $20 \sim 50cm$ 土层基本低于临界值；有效钙、镁含量则大体偏低。因此，提出土壤营养状况的改善主要是 $0 \sim 20cm$ 土层有效态氮、磷、钾含量的提高，并可通过施肥来实现。陈琼贤等（1994）结合土壤养分吸附试验和网室盆栽试验结果，建议广东杜果的平衡施肥宜侧重于 N、P、Ca、K 和 Mg 等元素。中国热带农业科学院韦家少等（1999）亦应用此法诊断了海南杜果园土壤的矿质营养状况，所得结果与广东陈琼贤等（1994）的报道相似。以上土壤有效态养分含量的测定和吸附试验采用美国 ASI 方法（该法的土壤计量用容量 ml 表示）。从海南杜果园土壤分析结果（表 4 - 25）可见，所有土壤有效态氮均低于临界值 $75\mu g/ml$；有效磷含量有 3 个土样超过临界值 $14\mu g/ml$，15 个土样（占总土样的 83%）低于临界值；速效钾含量有 6 个土样等于或超过临界值 $78\mu g/ml$，12 个土样（占总土样的 67%）低于临界值；土壤交换钙、镁含量总体偏低，交换钙有 10 个土样低于临界值 $440\mu g/ml$，交换镁有 14 个土样低于临界值 $97.2\mu g/ml$，且含量很低。杜果园土壤有效态微量元素含量差异很大，全部果园土样有效锰远超过临界值 $5.0\mu g/ml$，有效铁含量绝大多数土样超过临界值 $10\mu g/ml$；有效硼含量则相反，全部果园土样均低于临界值 $0.2\mu g/ml$，有效硫、铜含量有 13 个土样低于临界值（占 72.2%），有效锌含量有 12 个土样低于临界值（占 66.7%）。

土壤有机质含量变幅很大（0.193%～2.121%），土壤 pH 在 4.04～7.00之间，呈酸性至中性。

陈琼贤等（1994）的试验中，供试土壤 P、K、Fe、Mn、Cu、Zn、S、B 有效态含量低于 3 倍临界值，均做土壤吸附试验，并以此作为综合评价土壤养分状况及施肥的依据。试验结果显示，不同土壤吸附量为 P 16.9%～45.0%，K 32.5%～57.6%，Cu 26.2%～54.9%，S 31.9～40.4%，B 41.7%～59.4%，Zn 25.9%。吸附量大的土壤吸附固定养分能力强，要使土壤有效养分含量达到 3 倍临界值应加入的养分量就多。以养分的加入量对养分的浸出量做吸附曲线，从吸附曲线中可找出使有效养分达到 3 倍临界值应加入的养分量。然后根据土壤有效态养分含量的测定结果和土壤养分的吸附固定能力，设立最佳处理（OPT）和各种辅助处理的高粱盆栽试验，以反映土壤养分分析与生物产量效应的关系。就供试土壤的矿质养分状况而言，N 的增产效应为 18.2%，P 12.3%，K 15.6%，Ca17.4%，Mg 17.2%。由此得出缺素排列效应为 N＞Ca＞Mg＞K＞P。从生物的相对产量看，仅微量元素 Zn 表现为缺乏。所有土壤的对照处理（CK）相对产量均未达90%，平均为 61.7%，说明供试的杜果园土壤肥力水平较低。从总体而言，应用 ASI 法诊断杜果园土壤中大量元素化学分析结果与生物测试基本一致。应用"土壤养分状况系统研究法"诊断海南杜果园土壤营养状况具有较好的适用性，实验室分析吸附试验、盆栽试验基本上反映了土壤养分状况。为此，陈琼贤等（1994）建议，海南杜果园的平衡施肥宜侧重于 N、Ca、Mg、K、P 元素，至于 S 和微量元素，因其不足与过量之间差异甚微，且要求试验精确度高，故仍需深入研究。

表 4－25 海南杜果园土壤有效态营养元素含量（$\mu g/ml$）

采样地点	土层	土类	N	P	K	Ca	Mg	S	B	Cu	Fe	Mn	Zn
东方探贡	A	沙质壤土	41.8	6.6	54.3	1300	232	6.1	0.13	1.0	31.2	36.3	2.2
	B	沙质壤土	30.0	3.4	22.5	1100	200	2.1	0.11	0.6	18.5	19.0	1.8

（续）

采样地点	土层	土类	N	P	K	Ca	Mg	S	B	Cu	Fe	Mn	Zn
儋州两院	A	壤土	31.4	12.1	87.5	220	27.9	8.9	0.12	1.4	23.3	12.8	1.4
	B	壤土	29.3	5.2	78.0	150	15.8	12.0	0.15	0.7	25.2	8.8	1.2
三亚林科所	A	壤质沙土	26.5	2.1	32.5	130	25.5	4.0	0.14	0.4	8.9	27.8	1.6
	B	沙质壤土	30.7	1.6	34.0	170	37.7	5.7	0.13	0.3	6.1	21.3	0.8
东方细水	A	壤质沙土	28.5	50.6	38.0	170	12.2	2.1	0.13	0.7	12.0	17.9	1.2
	B	细沙土	20.9	10.3	30.0	90	0	10.0	0.13	0.3	6.6	15.0	1.1
儋州海头	A	壤质沙土	37.0	36.5	134.0	680	65.6	5.7	0.12	1.2	17.9	27.9	5.4
	B	壤质沙土	25.1	20.6	118.0	460	96.0	3.6	0.13	1.2	15.7	31.5	3.3
三亚南田	A	黏壤土	52.3	6.8	103.0	150	34.0	14.0	0.14	0.7	37.8	24.4	3.1
	B	黏壤土	36.9	2.1	45.0	130	35.2	14.0	0.14	0.6	35.8	47.1	2.4
三亚热作站	A	壤土	39.7	5.9	45.0	70	20.7	4.7	0.13	0.6	26.0	19.9	2.0
	B	壤土	35.7	3.7	50.0	30	3.6	14.0	0.12	0.3	17.3	20.5	1.3
乐东福报	A	壤质沙土	31.5	4.1	45.0	1100	317.0	5.0	0.14	1.7	18.2	16.5	1.8
	B	壤质沙土	28.4	7.6	30.0	1120	361.0	4.3	0.15	0.7	29.9	25.0	1.8
昌江恒泰	A	沙质壤土	48.1	9.9	85.0	760	80.2	4.3	0.16	0.8	42.5	28.8	1.3
	B	壤土	44.4	2.5	32.5	640	83.8	15.0	0.15	0.3	23.0	9.1	0.5
	临界值		75.0	14.0	78.0	440.0	97.2	12.0	0.2	1.0	10.0	5.0	2.0

注：土层 A 为 0~20cm，B 为 20~40cm。

此外，麦全法等（2011）在海南三亚，通过杜果园（品种'台农1号'）"3414"田间肥效试验得出，各处理产量及土壤养分含量，按其相对产量分为4个级别，并以各元素速效养分含量统计出土壤氮、磷、钾养分含量的丰缺指标（表4-26）。根据表4-26中相对产量对应的产量级别，结合实际产量，拟定土壤养分丰缺等级为极高和高2个级别的果园作为高产园，以土壤养分丰缺等级为中和低2个级别的果园作为低产园（注：土壤分析的基本原理、土样采集与处理可参考第一章荔枝）。

表4-26 杧果园土壤养分含量丰缺指标

丰缺等级	相对产量（%）	碱解氮（mg/kg）	有效磷（mg/kg）	速效钾（mg/kg）	产量水平（kg/株）
极高	>95	>60.04	>7.32	>146.47	>40
高	75~95	44.12~60.04	3.39~7.32	46.60~146.47	30~40
中	55~75	29.07~44.12	1.57~3.39	14.35~46.60	20~30
低	<55	<29.07	<1.57	<14.35	<20

第三节 杧果的合理施肥与营养失调矫治

一、施肥效应

杧果园生态系统的养分调控对其产量提高、品质改善及效益提高具有重要作用。吴能义等（2009）指出，杧果园生态系统养分调控的主要措施是对杧果园进行营养诊断，指导配方施肥，即根据杧果园土壤不同的养分含量，利用杧果树体养分指标诊断出植株不同生长发育阶段的营养状况及对养分的吸收规律，及时调整施肥方案，使杧果树各器官获得最适量养分，以保持其正常的生长结果，并维持土壤的良好肥力水平，减少养分流失和环境污染，最大程度地发挥平衡施肥的效益。从我国杧果主产区来看，通过营养诊断指导配方施肥已取得显著效果。据吴能义等（2009）报道，广东省农业科学院土壤肥料研究所于1992—1998年在三水、深圳等地通过推广营养诊断配方施肥实施养分调控，比当地习惯施肥平均增产25.7%，其中沙质土每667m^2产量1 218~1 656kg，增产30.8%~83.5%，黏质土每667m^2产量756~990kg，增产40.3%~243.1%。从改善果实品质上看，广西潭宏伟等的研究表明，增施N、K、Mg肥，杧果的可溶性糖与还原糖含量均有提高，口感较佳；唐树梅等在海南的试验则认为，增施P肥可提高杧果可溶性固形物和总糖含量，而增施N肥可提高维生素C含量，同时降低粗纤维含量；武英霞等则指出，Ca对杧果果实品质的影响远比N、P、K、Mg重要，强调了 Ca 素的调控作用。

吴能义等（2009）强调，养分的循环与平衡直接影响到生态系统生产力的高低和系统的稳定与持续，杧果园生态系统是一个开放性的人工系统，其养分输出途径很多，输出量也大，通过人工调控手段加大养分输入量，对维持整个生态系统的动态平衡至关重要。

国内外诸多学者在杧果施肥方面开展了颇为广泛的研究，在揭示施肥与植株营养、生长、产量、品质以及经济效益等之间的关系方面，获得了显著的进展，这些成果的取得对现代杧果产业的发展起着重要作用。现就其施肥效应的代表性报道分述如下。

周修冲等（2000）在广东深圳、三水杧果场，采用七至九年生'紫花芒'进行连续 3 年的配施氮、磷、钾、镁和硫肥的平衡施肥试验。结果显示，适量配施氮、磷、钾、镁和硫（即推荐施肥处理，年株施 N 400g，P_2O_5 125g，K_2O 320g，Mg 40g，S 80g）时，其老熟秋梢营养枝第 3 叶养分含量分别为：N 1.62％、1.70％、P_2O_5 0.360％、0.368％，K_2O 1.18％、1.26％，Ca 1.39％、1.64％，Mg 0.142％、0.148％，S 0.143％、0.170％；其养分比例为 1∶0.22∶（0.73～0.74）∶（0.86～0.96）∶0.09∶（0.09～0.10）。叶片养分含量大小顺序为 N＞Ca＞K_2O＞P_2O_5＞Mg、S。试验结果表明，株施 N 400g 与 N 300g 处理叶 N 量无明显差异；株施 P_2O_5 125g 与不施处理叶 P_2O_5 量无明显差异；株施 K_2O 320g 比不施处理叶 K_2O 量提高 0.16％～0.18％；株施 Mg 40g 比不施处理叶 Mg 量提高 0.037％～0.087％；株施 S 80g 比不施处理叶 S 量提高 0.031％～0.038％。从而表明，杧果配施钾、镁、硫能明显改善植株的营养状况。从周修冲等两点 3 年试验处理对果实产量、品质及经济效益的影响看，仍然是上述的推荐施肥处理的效果较好，平均单株结果数 77.3 个，单果重 235g，每 667m^2 产量 1 127.7kg，果色鲜艳，风味好，可溶性固形物含量 13.9％，可溶性糖 8.81％，维生素 C（每 100g）20.5mg，酸 0.273％。该处理的产投比为 3.4，经济纯收益高。

吴能义等（2008）在海南三亚南田农场，采用二十年生'台农

1号'品种，进行"3414"肥效试验（即N、P、K3个因素，每个因素各4个水平，共14个处理）。该施肥方案中，年株施尿素为0，0.5kg，1.0kg，1.5kg；钙镁磷肥为0，0.5kg，1.0kg，1.5kg；硫酸钾0，0.6kg，1.2kg，1.8kg。从N、P、K的单因素及两因素间的综合效果看，增施氮、磷、钾可收到较好的增产效果，不施氮、钾产量明显降低，施磷效果不明显，因此，在土壤肥力中等水平之下（碱解氮50.7mg/kg，速效磷18.5mg/kg，速效钾52.8mg/kg，有机质2.0%，pH5.8），施肥的增产效果为钾＞氮＞磷。该试验的比较经济效益表明，各种施肥处理中，以增施钾的经济效益最佳，肥料产投比为8.1，其次是增施氮和增施磷处理，肥料产投比分别为7.9和7.7。由此可见，杧果园增施氮、磷、钾肥仍有提高经济效益的潜力。

麦全法等（2009）针对海南三亚南田农场3种类型土壤条件下［花岗岩砖红壤、变质岩黄色砖红壤、黄砂田，各种类型土壤速效养分差异不大，均属5级养分水平（表4-27）］的'台农1号'杧果，进行N、P、K不同施用水平的比较试验。统计分析表明，在当地不同土壤类型上大量元素对杧果产量贡献效果不一，其中花岗岩类和砂田类杧果以K增产效果明显，N次之，P最差；变质岩类则以N增产效果最佳，K次之，P最差。但三类土壤不同元素平均增产效果仍以K肥效果最好，平均每667m^{2}增产为331.0 kg，平均贡献率为29.8%；N肥次之，平均每667m^{2}增产为264.7 kg，平均贡献率为22.9%；P肥最差，平均每667m^{2}增产为34.3kg，平均贡献率为2.95%。由此可见，肥料增产的贡献率与土壤养分含量状况及不同土壤养分利用率有关。

表4-27　各试验区土壤养分状况

区号	土壤类型	3年每667m^{2}均产（kg）	有机质（%）	全氮（%）	速效氮（mg/kg）	有效磷（mg/kg）	速效钾（mg/kg）
1	花岗岩砖红壤	900	1.264	0.064	55.2	8.2	65.5
2	变质岩黄色砖红壤	1 050	2.009	0.070	50.7	18.5	52.8
3	黄砂田	1 200	1.369	0.046	66.2	12.8	42.9

张文等（2012）在海南昌江杧果园（'台农芒'品种，八年生）进行平衡施肥技术研究，该试验在习惯施肥基础上，增施钾、镁肥，共设7个处理（表4-28）。试验结果显示，不同施肥处理的产量显著高于不施肥处理，增产率26.4%～56.4%（差异显著）；与习惯施肥比较，增施钾肥（NPKMgB+1/3K）处理增产23.7%（差异达显著水平），而增施镁肥（NPKMg）处理和增施镁、硼肥（NPKMgB）处理增产不显著。从果实品质的总体差异上看，糖酸比较高的为NPKMgB处理和NPKMgB+1/3K处理（分别达57.58和55.38），最低的为不施肥处理，为45.88。该试验还表明，不同处理的果实N、P、K含量也存在一定差异，果实N含量最高的为NPKMgB（达0.8527%），最低的为不施肥处理和习惯施肥处理（分别为0.5841%和0.6637%）；果实P含量最高的为NPKMgB处理（0.0987%），最低的为不施肥处理（0.0625%）；果实K含量最高的为NPKMgB（达1.1924%），最低的为不施肥处理（0.9667%）。从整个杧果生育期的叶片元素含量比较来看，平衡施肥处理的叶片N、K含量高于不施肥处理，而叶片含P量两者差异不大。

表4-28　每667m² 平衡施肥试验处理设计（kg）

处　理	N	P₂O₅	K₂O	MgO	B
CK	0	0	0	0	0
NPKMgB	30	17	14	2.8	0.8
NPKMg	30	17	14	2.8	0
NPKB	30	17	14	0	0.8
NPK（习惯施肥）	30	17	14	0	0
NPKMgB+1/3K	30	17	19	3.8	0.8
80%N+PKMgB	24	17	14	2.8	0.8

唐树梅等（1999）在海南昌江花岗岩砖红壤两地杧果园进行三大元素肥效试验（此类园地土壤缺氮少磷，含钾量较高），供试植

株为'鸡蛋芒'品种五年生及八年生结果树,采用2因子3水平施肥方案。试验结果显示,两地杜果园适量施用氮、磷肥可显著增产,而施钾增产效果不显著,氮钾和磷钾交互作用均不显著(依全国土壤普查养分划分标准,其全钾量和速效钾均属高水平,而氮含量属中低水平,磷含量属极低水平)。由于花岗岩砖红壤在海南分布面积较大,因此,在该地杜果生产上仍应首先强调重施氮、磷肥。试验结果表明,在试验条件下,氮、磷肥对果实品质的影响较钾肥显著。随磷肥用量增加,杜果果实可溶性固形物和总糖含量提高,而维生素C含量减少;随氮肥用量增加,维生素C含量提高,而粗纤维含量降低;钾肥用量增加有降低维生素C含量和增加总糖含量的趋势。

Young 等(1965)在美国佛罗里达州针对'kent'品种进行的肥效试验证实,适当增加氮肥、钾肥或氮钾肥均能提高产量,其中以增施氮钾肥效果最好,单独增施氮肥次之,单独增施钾肥,虽可提高产量,但效果不明显。增施氮肥虽可增产,但顶腐病发病率增加,尤其是以硝酸铵为氮肥尤为明显,实践表明,在此状况下,增施石灰等钙肥,可有效抑制顶腐病。Chanha 等(1981)在印度对'Dashehari'杜果品种进行氮肥施用量与叶片含氮量及产量关系的研究,结果表明(表4-29),在一定程度下产量随叶片含 N 量的增加而上升(株施 1.0kg 纯氮,单株产量及叶片含氮量最高),但过高的施氮量(株施 1.5kg 及 2.0kg 纯氮),将导致产量下降。

表4-29 氮肥施用量对'Dashehari'杜果叶片含 N 量及产量的影响

年份	项目	施 N 量 (kg/株)					
		对照	0.50	1.00	1.50	2.00	平均
1977	产量	230.75	336.50	454.50	407.50	400.75	365.95
	叶片 N 含量	1.062	1.272	1.420	1.410	1.490	1.331
1979	产量	311.50	376.25	445.50	401.75	328.85	372.75
	叶片 N 含量	1.205	1.310	1.400	1.540	1.622	1.415

二、施肥量及比例

（一）估算施肥量

根据已有分析（吴能义等，2009），生产 1t 杧果果实要从土壤中带走 N 1.493kg（国内外报道平均值，下同），P 0.243kg，K2.032kg。通常，施入土中的肥料利用率为 N 30%～60%、P_2O_5 10%～25%、K_2O 40%～70%。鉴于尚罕见杧果品种植株全年新梢、新叶、枝干增大、新根及落叶、落花、落果等消耗养分的报道，作者参照柑橘、荔枝、龙眼的三大元素估算系数（全树耗肥量与果实耗肥量之比），计算其平均值为 N 2.72、P 2.10、K 2.40，并依此平均值采用以下公式统计杧果的估算施肥量。

$$估算施肥量=\frac{鲜果带走养分量}{肥料利用率}\times 估算系数$$

根据上列公式，计算生产 1t 杧果果实的施肥量为（式中鲜果带走养分量采用国内外报道的平均值）：

$$每吨果实估算施 N 量（kg）=\frac{1.493}{0.3～0.6}\times 2.72=6.77～13.54$$

$$每吨果实估算施 P_2O_5 量（kg）=\frac{0.556}{0.1～0.25}\times 2.0=4.77～11.68$$

$$每吨果实估算施 K_2O 量（kg）=\frac{2.438}{0.4～0.7}\times 2.40=8.36～14.63$$

通过以上统计，生产 1t 杧果果实，估算的施 N 量为 6.77～13.54kg、P_2O_5 4.67～11.68kg、K_2O 8.36～14.63kg。上列估算施肥量中的估算系数，系参考已发表的 3 种主要亚热带果树的数值，因此，该估算施肥量为理论估算的近似值，权宜作为杧果指导施肥时参考。在杧果栽培施肥的实践中，仍需结合实际情况及相关的田间试验，进行必要的调整。

（二）田间试验

杧果的合理施肥量受到环境条件、栽培特点等因素的制约，因此，各地学者针对不同立地条件（如土壤、气候）、品种、树龄等，进行具有指导生产实践意义的田间施肥试验。

周修冲等（2000）以广东深圳、三水两地酸性沙壤土杧果场的七至九年生'紫花芒'品种，进行连续3年的平衡施肥效应研究。试验设8个处理，探讨N、P_2O_5、K_2O、S、Mg不同施用量配比的比较效果，结果表明，不同肥料配施对杧果产量、品质及经济效益有一定的影响，适量配施氮、磷、钾、镁和硫肥能获得较高效益。适宜施肥量为（每667m²）N 22.80kg，P_2O_5 7.13kg，K_2O 18.27kg，Mg 2.27kg，S 2.27kg。按照周修冲的分析，每667m² 1 000kg杧果各元素的合理施肥量以年株施N 400g，P_2O_5 125g，K_2O 320g，Mg 40g，S 40～80g为宜；其N∶P_2O_5∶K_2O∶Mg∶S=1∶0.3∶0.8∶0.1∶（0.1～0.2）。

麦全法等（2009）在海南三亚杧果生产基地，针对海南中南部地区3种主要土壤类型，进行"3414+1"施肥试验（即3因子4水平14个处理加1个有机肥处理），供试品种为'台农1号'，比较了不同土壤类型各养分的利用率及其增产效果、经济效益，以回归分析法对不同土壤类型的杧果施肥提出合理的配方模型，通过模型求出最佳经济产量的施肥量［其N∶P_2O_5∶K_2O=1∶（0.38～0.75）∶（1.30～2.30）］及产投比（表4-30）。

表4-30　不同土壤类型杧果最佳经济产量的施肥量及产投比

试验小区	每667m²最佳经济产量（kg）	每667m²施肥量（kg）			产投比
		N	P_2O_5	K_2O	
1	1 083	12.7	6.8	30.0	15.68
2	1 206	11.3	8.5	15.9	25.34
3	1 325	17.6	6.6	22.9	20.53

麦全法等（2011）进一步研究了海南三亚杧果主产区土壤养分丰缺指标，并探讨了高产果园和低产果园"3414"田间肥效试验实际施肥量与处理产量的关系，从而建立杧果园施肥体系推荐，综合高、低产果园土壤养分指标、目标产量及施肥要求，得出海南三亚杧果园氮、磷、钾养分推荐施用量及其配比（表4-31）。

表 4 - 31　海南三亚杧果氮、磷、钾肥推荐施用量及其配比

目标产量 （kg/株）	丰缺 等级	碱解氮 （mg/kg）	尿素 （kg/株）	有效磷 （mg/kg）	钙镁磷肥 （kg/株）
>40	极高	>60.0	>1.00	>7.3	>1.00
	高	44.1～60.0	>1.55	3.4～7.3	>1.69
	高	44.1～60.0	0.38～1.55	3.4～7.3	<1.69
30～40	中	29.1～44.1	1.24～2.06	1.6～3.4	1.20～2.06
	低	<29.1	1.24～2.06	<1.6	1.20～2.06
20～30	中	29.1～44.1	<1.24	1.6～3.4	<1.20
	低	<29.1	<1.24	<1.6	<1.20

目标产量 （kg/株）	丰缺 等级	速效钾 （mg/kg）	硫酸钾 （kg/株）	配方肥
>40	极高	>146.5	>1.20	1.00∶1.00∶1.20
	高	46.6～146.5	>1.52	1.55∶1.69∶1.52
	高	46.6～146.5	0.67～1.52	1.55∶1.69∶1.52
30～40	中	14.4～46.6	1.37～2.20	2.06∶2.06∶2.20
	低	<14.4	1.37～2.20	
20～30	中	14.4～46.6	<1.37	1.24∶1.20∶1.37
	低	<14.4	<1.37	

　　米泽民等（2011）在非洲尼日利亚东北区 Sahillan 农场‘Tommy’品种杧果园（十至十二年生，每 $667m^2$ 种植 38 株），采用 $L_9(3)^4+1$ 的正交试验设计，进行施肥次数（1 次、2 次、3 次），氮、磷、钾施用比例（2∶1∶2，4∶1∶4，6∶1∶6）及氮、磷、钾不同施用量（总有效成分量为 0.5kg/株、1.0kg/株、1.5kg/株）试验，试验共设 9 个处理。各处理间效应和经济效益比较表明，在当地条件下，可在杧果采收后的 7 月上中旬和 9 月中下旬进行施肥，7 月上中旬施 1/2 氮肥和 1/2 钾肥，9 月则施全部

磷肥以及 1/2 的氮钾肥；本研究结果还表明，施用肥料的比例 N：P_2O_5：K_2O 以 6：1：6（即 1：0.17：1）左右较为合理，且 N、P_2O_5、K_2O 总施用量为 1.5kg/株（即株施 N 0.69kg，P_2O_5 0.12kg，K_2O 0.69kg）效果最佳，折算 $667m^2$ 的年施用量为 N 26.2kg，P_2O_5 4.6kg，K_2O 26.2kg。

张文等（2012）在海南省昌江县砂页岩赤土杧果园，开展大量元素与中、微量元素不同配比（表 4-28）施肥效应研究（供试植株为八年生'台农'杧果品种），根据试验结果，提出杧果每 $667m^2$ 平衡施肥推荐量为 N-P_2O_5-K_2O-MgO ＝ 24-17-19-3.8kg（N：P_2O_5：K_2O：MgO＝1：0.7：0.8：0.25）。

综合国内外报道（吴能义等，2009），各国采用的杧果结果树施肥量为 N 300～800g/株，P_2O_5 100～600g/株，K_2O 200～800g/株。依据各地结果，结果树施肥比例大致为 N：P_2O_5：K_2O＝1：0.1：（1～1.5），而热带地区常因 Ca、Mg、P 含量低，可按 N：P_2O_5：K_2O：Ca：Mg＝1：0.2：1：0.9：0.2 的配比施用。

三、不同树龄施肥量

杧果幼龄树为促进枝梢生长，需要较多的氮肥；结果树为保证开花、结果正常，则需增加磷、钾等肥料。通常氮、磷、钾的施用比例，幼龄树为 15：5：15，而结果树则为 12：8：18。杧果植株所需肥料，应视土壤性状及结果量而定，根据台湾经验（台湾农业委员会，1985），提出的杧果三要素推荐施用量见表 4-32。

表 4-32　杧果植株不同树龄的三要素年推荐施用量（g/株）

元素	1～2 年	3～4 年	5～7 年	8～10 年	11 年以上
N	150	225	240	300	360
P_2O_5	50	75	160	200	240
K_2O	120	225	360	450	540

四、施肥时期

(一) 幼龄树施肥

幼龄树通常指种植 2～3 年尚未开始结果的植株，其施肥目的是促进植株生长、扩大树冠；同时，逐渐改良果园土壤，尤其是土壤肥力偏低的园地，以期为树体进入结果期提供优质丰产的土壤条件。

扩穴改土，增施有机肥。种植翌年起，每年进行扩穴改土，可在定植穴外，挖长 1.5～2.0m，宽 40～50cm，深 40～60cm 的沟穴。每株施入钙镁磷肥 0.3～0.5kg，石灰 0.3～0.5kg，并因地制宜施入有机肥（如土杂肥、畜禽类、绿肥等）20～30kg。

定植成活后的幼树可开始追肥，因此期植株根系少，吸收能力弱，应少量多次，隔 1～2 个月施肥 1 次；第 2～3 年，每次新梢萌发前施肥 1 次，全年 4～5 次。幼树追肥以氮肥为主，配合磷、钾肥，可依植株大小，第 1 年每次株施尿素 25～50g，或稀薄粪水 5～10kg；第 2～3 年每次株施尿素 50～100g，或稀薄粪水 10～15kg。每年最后 1 次可施钙镁磷肥（株施 0.3kg）或复合肥（0.2～0.3kg）。为提高肥效，幼树施肥采用环状沟施较为理想。

(二) 结果树施肥

杜果结果树通常每年施肥 4 次，分别在生长发育的关键时期施用采果前后肥、催花肥、壮花肥及壮果肥。

1. 采果前后肥 此期是树体恢复营养生长的关键时期，早熟品种采后施，晚熟品种采前或采后施。此次施肥可培养足量壮实的秋梢结果枝，为翌年丰产奠定营养基础；应重施肥，以有机肥为主，配合化肥，可结合深翻扩穴改土，倘土壤酸度较大，应适量施以石灰。此期氮、磷、钾的施用量分别占全年总施用量的 30%、25% 和 25%。

2. 催花肥 秋梢老熟后将进入花芽分化期，此期施肥（9～10 月）可促进花芽分化，尤其需要一定量的钾、磷和少量氮，以保证良好的花芽分化。此期氮、磷、钾肥分别占全年总施用量的20％、25％和25％。

3. 壮花肥 杧果花序属大型圆锥花序，其花量大，消耗养分多，故可在抽花穗后适当追施速效肥。此次施肥可促进开花，提高坐果率。若树势较为健壮，气温升高快，宜在植株约一半的末级枝梢现蕾时开始施壮花肥，避免过早施肥而导致多抽营养枝或混合花枝而使花量减少。此期氮、磷、钾肥分别占年总施用量的20％、10％和20％。

4. 壮果肥 谢花后约一个月是果实迅速生长发育时期，此期追施充足的壮果肥，可减少因养分不足而引致的落果，及时满足果实膨大之需。此期氮、磷、钾肥分别占年总施用量的30％、40％和30％。

因各地条件差异，为节省工本，有些产区每年仅施两次肥，如我国台湾（台湾农业委员会，1985），分别在采果后（6～7月，晚熟品种应在8月前）和坐果后（2～4月）施肥，其两次氮、磷、钾施用量分别占全年施用量的50％。

五、施肥方法

杧果施肥方法仍以土壤施肥为主，根外追肥为辅，具体方法可参考第一章荔枝所述。在此着重介绍广东地区实施杧果滴灌施肥的效果（臧小平等，2009）。该试验比较了不同滴灌施肥方式及不同施肥量对杧果产量和品质的影响。供试品种为'台农1号'。试验设4种灌溉施肥处理，即沟施肥料＋浇灌（CK）、沟施肥料＋滴灌、滴灌施肥Ⅰ（将与沟施等量的肥料全部溶于灌溉水，通过滴灌系统施肥）、滴灌施肥Ⅱ（氮、钾用量占沟施量的70％）。沟施处理株施N 383g，P_2O_5 180g，K_2O 600g，牛栏肥7.5kg；滴灌施肥Ⅰ、Ⅱ处理中的氮、钾随灌溉系统施用，其余均为土施。试验期间水分管理参照大田常规进行，开花前至秋梢老熟期保持土壤湿润（土壤含水量约25％），滴灌处理每次滴灌3～4h，间隔7～10d，浇灌处理则以每次浇透为准。

以上滴灌施肥试验结果表明，与沟施肥料全量＋浇灌处理相比，滴灌施肥方式的杧果产量显著增加，增产率为 23.5％ 及 31.6％，其中滴灌施肥量为 70％ 处理的效果最好（表 4 - 33）。由表 4 - 33 可见，滴灌施肥的产量增加，主要是增加了单株结果数的原因；而沟施肥料＋滴灌方式未呈现增产效果，表明单一通过滴灌解决杧果水分供应，尚难有效产生增产作用，只有通过滴灌施肥达到最佳的水肥耦合条件，才能实现增产。同时，滴灌施肥处理果实品质明显提高（尤其是滴灌施肥Ⅱ），在可食率、可溶性固形物、维生素C含量、糖酸比等指标均有增加趋势；且经济效益亦有上升〔已扣除增加的成本，滴灌施肥Ⅰ、Ⅱ，每 667m² 实际增收分别为 94 元及 385 元，若再考虑节水及省工（滴灌设施为一次性投入，可使用 4～5 年），滴灌施肥方式的经济效益将更显著〕。

表 4 - 33　不同施肥处理对杧果产量及产量构成因素的影响

处　理	单株产量 （kg）	比 CK± （％）	单株果数 （个）	单果重 （kg）
沟施肥料＋浇灌（CK）	8.52		33.5	0.255
沟施肥料＋滴灌	8.27	−2.9	32.2	0.257
滴灌施肥Ⅰ	10.52	23.5	40.8	0.258
滴灌施肥Ⅱ	11.01	31.6	43.7	0.252

由此可见，此项施肥方式的改进，有效地促进了杧果植株对养分的吸收，提高了树体对肥料的利用率，从而达到增产、提质的效果，而且还可节水、节肥、省工。臧小平等（2009）认为，在肥水充足合理的前提下，杧果表现出较大的增产潜力，这亦在某种程度上，改变了杧果是耐旱力较强的果树而采取粗放管理的传统观念。

此外，杧果根外追肥应用亦较广泛，通常可在秋梢转绿期、花蕾期、幼果发育期等阶段，选用 0.3％ 磷酸二氢钾，0.05％～0.2％ 硼酸，0.3％～0.5％ 尿素，0.2％～0.3％ 硫酸镁，0.2％～0.3％ 硝酸钙，0.1％～0.2％ 硫酸亚铁，0.2％ 硫酸锌等肥料进行叶面喷施。大量实践证明，杈果根外追肥对提高坐果率、增大果实、改善品质、促进花芽分化及矫治营养失调（缺素）有明显效果。

六、杈果营养失调及其矫治

（一）生产性杈果植株的营养失调

杈果在栽培上的营养失调所发生的生理病害，通常有以下几种（张哲玮等，1990；张承林等，1997；张承林，1997；刘铭峰，1985；黄台明等，2008）。

1. 缺硼症 此症为台湾较常发生的生理病，表现为裂果、块斑、畸形果，果实内部多出现茶色硬斑，有时呈水渍状褐斑，或褐斑中心具茶色硬斑；有时则为黑色，较大的黑斑中心偶有空洞，有时脱水呈海绵状，有些种子发育不全，变成黑褐色。病斑圆形或无固定形状，小者细如针头，大者长数厘米。台湾以'凯特'、'圣心'等品种罹病率较高。矫治方法：矫正土壤 pH 至 $6.0 \sim 6.5$，以防硼变成不溶态；开花期及幼果期每隔 $10 \sim 15d$ 喷布硼砂 400 倍液（但不可过量，以防毒害）；平衡施肥，避免过量施钾肥，并于采果后充分施用有机肥。

2. 缺铁症 碱性土杈果园最易发生，果园过量施用石灰亦会导致缺铁失绿症。以色列因土质多属石灰质，故缺铁症为该国杈果园最常见的生理病。其症状为早期新叶呈黄绿色，后期幼叶黄化脱落，新梢生长受阻。我国广西百色杈果产区，由于过量施用石灰以改良红壤土，致使 pH 大幅升高（据其土壤检测，$0 \sim 20cm$ 土层 pH 7.34，HCO_3^- 浓度 0.049mg/kg，有效铁含量 8.424mg/kg，全量 Fe 含量 57.912mg/kg）并引起杈果植株缺铁失绿黄化，甚至出现新梢嫩叶白化，植株生长缓慢，树势衰退等症状。

矫治方法：以色列缺铁杈果园普遍应用 Fe-sequestrene138（Fe 的螯合剂），土壤灌溉施用，效果颇佳。我国广西黄台明等（2008），采用杈果园环沟渗施土壤改良剂（康地宝，盐碱土改良剂）进行初步试验（每株 25ml 及 50ml 康地宝，分别兑水 50kg 施用），获得良好效果。施用康地宝土壤改良剂 4 个月后，明显降低了碱害，红壤土 0～40cm 土层（尤其是 0～20cm 土层）的 pH、HCO_3^- 浓度下降；而 0～20cm 土层有效 Fe 含量大幅提高，20～40cm 土层其含量亦相应上升；缺铁失绿的杧果植株叶片开始明显变绿，其叶绿素、活性铁和总铁含量均显著高于对照和处理前的含量水平。

3. 缺钙症　台湾杧果缺钙症发生在'爱文'品种的采收期及采收后，在果实成熟时，其外观无任何症状，通常在采收时或分级包装后才被发现。症状发生时，一般均在果实腹部的中央、外表有软化腐烂的现象，以手指压下伤口，被害处深约 1.5cm，影响果实商品价值。

矫正方法：改善排水系统，防止果园积水；合理改善果园营养，采收后增施钙肥，开花期至幼果期，约每 15d 喷布 1 次氯化钙500 倍液。

4. 顶腐病　该病在美国佛罗里达州杧果园时有发生，病症从果实腹侧一直延伸到果顶，果肉变软。Young 等（1957）认为，此病由高氮低钙造成，如增施石灰或以硝酸钙作为氮肥施用时，使叶片含 Ca 达 2.5％以上，可有效抑制此病发生。

我国台湾的杧果品种，在果实成熟期或采收后较易发生此病的有'金煌 1 号'、'凯特'、'圣心'、'肯特'及'怀特'，而'爱文'偶有发生，'在来'则少见。据观察，'金煌 1 号'品种因其父本'凯特'及母本'怀特'的果实均能发生此病，故其顶腐病也较严重。肥料的供应失衡，尤其是增施氮肥虽可增产，但随之也易增加顶腐病，而增施钾肥有抑制此病的趋势，增施石灰或硝酸钙可抑制此病的发生。'金煌 1 号'发生顶腐病几乎都表现在果实成熟期，尤以树上黄熟者为甚，果实外观正常，但剖开果肉，内部整体均呈水渍状斑纹，亦有乳白色硬粒（大小、形状不一），尤以靠近种核部位最严重，完全不能食用。

矫正方法：开花至幼果期，以硼砂 400 倍液混合氯化钙 500倍液，每隔约 15d 喷布 1 次；控制氮肥施用，以防营养生长过旺；采果后，配合环割处理，并以诱引方法进行整枝，以防植株过度生长；可在"雨水"节气前后进行摘穗处理（指'金煌1号'品种），促使植株2次开花，而后在采收时，以果实8成熟时剪下催熟。

5. 内部果肉溃败病　广东张承林（1997）以'紫花3号'品种进行的观察表明，该病系杧果成熟期病害，发病果实黄熟时果皮常表现轻度的着色不均匀，靠近发病部位的果皮不转黄。发病后，将果实纵向切开，可见沿果核周围的果肉呈过熟状态，淡褐色至褐色水渍状，其果肉有轻微异味。果肉显示的症状通常要到果肉黄熟后才出现。张承林通过平衡施肥与常规施肥进行比较，并以DRIS法进行分析认为，此病与养分不平衡有关，亦即与果肉组织元素失衡有关，而与其组织钙量未见显著相关；果园平衡施肥后可显著降低果实发病率；对病果组织的元素分析表明，其N、Mg偏多，K、B、Ca偏少，其他元素则处于平衡状态，由此可见，此类病害的病因及其相应的矫正措施尚需进行深入的探讨，以期进一步解决生产实际中出现的问题。有些学者将上述顶腐病归为此类病害，但张承林认为两者病因有所不同，故本书暂将两病分述。

6. 缺锌病　此病常表现为小叶症，严重者甚至只有正常叶片大小的20%～25%，叶形细窄，有些品种（如'海顿'）病叶向下反卷。有的学者认为，土壤含磷过多可导致缺锌。可采取0.2%硫酸锌或0.2%氧化锌进行叶面喷布。

此外，国内外时有报道叶枯症，此病虽为田间常见之生理病，发病时叶片局部至全部干枯，甚至落叶，但其发病原因尚不确定，有的认为与缺P、K有关，亦有认为与氯害、干旱、焚风等有关，对此尚需深入调查研究。

（二）沙培或水培杧果植株的缺素症

美国Smith等（1951）及我国台湾许玉妹（1987），分别应用沙培及水培观察杧果植株的缺素症，现归纳于下。

1. 缺氮　小叶，叶片黄化且植株矮小。

2. 缺磷　叶尖坏死，新叶未成熟即脱落，顶梢枯死，植株矮小。

3. 缺钾　叶略小而薄，老叶叶肉有不规则黄斑，叶缘坏死，但不脱落，直至死亡，有些叶片死亡亦不掉落。

4. 缺镁　严重叶落，老叶叶缘黄化，绿色部分呈木楔形（倒V形），植株矮小。

5. 缺锰　新叶叶肉黄色，叶脉仍保持绿色，整体呈网状，植株矮小。

6. 缺硫　叶肉深绿，叶缘坏死，新叶未成熟即脱落。

7. 缺铁　早期幼叶呈黄绿色，后期幼叶黄化脱落，新梢生长受阻，分枝上叶痕密集。

参 考 文 献

白亭玉，李华东，郑妍，等.2014.广西'桂热杧82号'叶片营养规律研究［J］.中国南方果树，43（3）：89‐94.

北京农业大学园艺系.1988.果树文集（5）［M］.北京：北京农业大学出版社.

陈菁，唐树梅，韦家少.1999.海南芒果园土壤pH值与土壤有效养分的关系［J］.热带农业科学（5）：25‐29.

陈菁，韦家少，易小平，等.2001.海南西南部芒果营养特性的研究［J］.热带作物学报，22（4）：23‐28.

陈琼贤，彭志平，刘国坚.1994.应用土壤肥力系统研究法诊断芒果园土壤的矿质营养［J］.热带亚热带土壤科学，3（4）：213‐218.

黄台明，薛进军，方中斌，等.2008.红壤土施石灰过量导致芒果发生缺铁失绿症的矫正试验［J］.广西农学报，23（1）：15‐22.

李国权.1979.台湾杧果营养状况之研究［J］.中国园艺，25（5，6）：189‐196.

廖香俊，唐树梅，吴丹，等.2008.海南芒果园土壤环境及其对芒果品质的影响［J］.生态环境，17（2）：727‐733.

麦全法，林宁，吴能义，等.2009.海南南田农场反季节芒果优化施肥研究［J］.热带农业科学，29（1）：12‐16.

麦全法，林宁，吴能义，等.2011.三亚芒果园土壤养分丰缺指标及化肥适宜配方初探［J］. 中国热带农业（5）：78-81.

米泽民，Yusuf Mahamood，Alh. Aliyu Udubo，等. 2011. 尼日利亚北方大果型芒果园施肥方案的研究［J］. 中国农学通报，27（4）：233-237.

牛治宇，茶正早，何鹏，等. 2002. 海南 2 种芒果树的叶片营养规律［J］. 热带农业科学，22（4）：16-21.

农业部发展南亚热带作物办公室. 1998. 中国热带南亚热带果树［M］. 北京：中国农业出版社：125-127.

彭智平，杨少梅，操君喜，等. 2006. 芒果叶片主要养分含量及营养诊断适宜值研究［J］. 广东农业科学（6）：47-49.

唐树梅，韦家少，1999. 海南昌江芒果氮磷钾肥料效应［J］. 热带农业科学（5）：14-18.

韦家少，申志斌，洪彩香. 1999. 海南芒果园土壤矿质营养诊断［J］. 热带农业科学（5）：19-25.

吴能义，麦全法，覃姜薇，等. 2009. 芒果园生态系统养分调控技术研究进展［J］. 热带农业工程，33（1）：29-35.

吴能义，麦全法，余伟，等. 2008. 不同施肥对芒果产量及经济效益的影响［J］. 热带农业工程，32（2）：44-48.

谢志南，庄伊美，王仁玑，等. 1997. 福建亚热带果园土壤 pH 值与有效态养分含量的相关性［J］. 园艺学报，24（3）：209-214.

臧小平，马蔚红，张承林，等. 2009. 芒果滴灌施肥研究初报［J］. 广东农业科学（3）：75-82.

曾柱发，曹洪麟，黄俊庆，等. 2003. 赤红壤芒果园的土壤特性及肥力调控［J］. 广东农业科学（2）：25-27.

张承林，黄辉白. 1997. 芒果果实钙吸收动态和果实发育的关系［J］. 华南农业大学学报，18（3）：72-76.

张承林. 1997. 芒果果实的生理病害及其病因的研究［D］. 广州：华南农业大学.

张文，符传良，吉清妹，等. 2012. 海南芒果平衡施肥技术研究［J］. 广东农业科学（19）：67-70.

张文，吉清妹，谢良商，等. 2012. 海南台农杧和金煌杧叶片养分周年动态变化分析［J］. 中国南方果树，41（1）：53-62.

周修冲，刘国坚，姚建武，等. 2000. 芒果营养特性及平衡施肥效应研究［J］. 土壤肥料（4）：13-16.

庄伊美．1994. 柑橘营养与施肥［M］．北京：中国农业出版社．

Baluyut N M，许成文．1988. 芒果树的营养和施肥［J］．广西热作科技
　（1）：44－48.

Chadha K L，Samra J S，Thakur R S. 1980. Standarization of leaf sampling
　technique for mineral composition of leaves of mango cultivar "chausa" ［J］.
　Scientia Horticulturae，13（1）：323－329．

Koo R C J，Young W. 1972. Effects of age and position on mineral composition
　of mango ［J］. J. Amer. Soc. Hort. Sci，97（6）：792－794.

（此文曾在中国—东盟亚热带现代农业技术发展论坛上报告）：

亚热带果园土壤改良及平衡施肥

庄伊美

（福建省亚热带植物研究所，福建厦门 361006）

摘　要　本文针对亚热带丘陵山地果园土壤存在的酸、瘦、结构不良及水土冲刷等弊端，根据作者等多年试验研究结果，着重指出改善土壤有机质状况是土壤改良熟化的关键；阐述调节红壤果园土壤酸度及推行果园土壤覆盖制度的重要性；强调果园平衡施肥是保证高产、优质、高效及维护土壤肥力良性循环的重要环节，积极推广营养诊断指导平衡施肥是提高现代化管理水平的必要途径。

关键词　亚热带果园；土壤改良；营养诊断；平衡施肥

亚热带果园多数分布在丘陵山地，其园地土壤主要从南亚热带的赤红壤及中亚热带的红壤发育而来。此类果园土壤经长期的自然和人为因素的综合作用，土壤性状虽发生明显变化，但仍不同程度地显示出自然土壤的诸多弊端，例如酸、瘦、结构不良及水土冲刷等。实践证明，这些弊端明显地限制了果树生产性能的发挥（庄伊美，1991）。为此，针对当前丘陵山地果园土壤培肥存在的问题，提出如下要点供实施时参考。

1 改善园地土壤有机质状况是土壤改良的关键

总体看，我国农业土壤有机质含量呈减少趋势。近期调查表明，福建省 10 个县（市）柑橘园土壤有机质含量处于不足水平（＜1.5％）的果园占总采样园数的一半。因此，改善红壤果园土壤有机质状况，对园地土壤培肥至关重要。许多研究表明：土壤有机质是土壤肥力的主要物质基础，是果树高产优质所需营养元素的重要来源，也是供应土壤微生物繁育、活动所需能源和营养物质的主要来源；有机质中的腐殖质与黏土矿物无机胶体复合成有机、无机复合胶体，形成土壤稳定的团粒结构，改善土壤理化性状；有机质还直接带入土壤中的各种酶，且是酶促底物的重要给源，可明显增强土壤酶活性，促进土壤肥力的提高。

作者对亚热带丘陵山地红壤果园土壤改良熟化的研究结果显示：①红壤果园土壤有机质含量普遍较低，而属于高产园地的土壤有机质含量较低产园地为高。其土壤有机质含量的适宜标准为：柑橘园 1.5％～3.0％，龙眼园 1.0％～2.0％，荔枝园 1.0％～1.5％。②亚热带红壤果园土壤有机质含量与土壤养分含量的关系颇为密切。经大样本（柑橘 781 个土样、龙眼 315 个土样）分析证明（表 1），福建省柑橘、龙眼园土壤有机质含量与多数土壤有效养分（大量元素或微量元素）含量呈显著正相关。在测定的 13 个项目中，柑橘园有 10 个项目（除 pH、交换态锰、易还原态锰外）养分含量，龙眼园有 12 个项目（除交换态锰外）养分含量，分别与土壤有机质含量存在显著或极显著正相关。说明两种果园土壤有机质含量与有效态养分含量有着密切关系。而且，果园土壤有机质含量与多种土壤酶活性亦呈显著正相关。进而表明土壤有机质对提高土壤肥力水平的重要作用。③实行有机肥与无机肥相结合的综合培肥措施，可促进果园土壤熟化进程按正常模式发展，从而使丘陵山地红壤果园生态系统保持良性循环。④柑橘园有机、无机肥料配比的定位试验表明，有机肥与无机肥配合施用能明显改善果园土壤性状，其土壤有机、无机养分含量保持较高水平，且增强多种土壤酶活性。

表1　柑橘、龙眼园土壤有机质与有效养分含量的相关性

项目	柑橘园				龙眼园			
	范围	X	CV（%）	r	范围	X	CV（%）	r
有机质（%）	0.500～5.199	1.940	33.4		0.255～4.472	1.231	39.5	
pH	3.60～7.25	4.88	11.1	0.040	3.88～8.90	5.61	13.8	0.266**
全氮（%）	0.016～0.262	0.087	35.4	0.661**	0.010～0.400	0.055	61.8	0.342**
碱解氮（mg/kg）	19.9～661.3	136.1	59.7	0.443**	21.9～351.8	82.1	42.4	0.467**
有效磷（mg/kg）	0.60～606.9	123.1	104.8	0.173**	0.2～210.8	27.7	134.2	0.217**
速效钾（mg/kg）	16.9～622.6	128.7	80.7	0.205**	15.5～294.4	73.5	66.7	0.233**
交换态钙（mg/kg）	14.7～3 614.9	501.8	76.9	0.289**	27.2～5 697.4	450.8	109.1	0.361**
交换态镁（mg/kg）	7.6～217.3	70.2	64.7	0.157**	9.1～664.1	50.6	102.7	0.138**
有效态铜（mg/kg）	0.08～21.96	3.88	106.8	0.095*	0.03～8.83	1.10	104.8	0.340**
有效态锌（mg/kg）	0.59～30.75	4.86	87.0	0.267**	0.51～26.37	4.52	97.1	0.437**
有效态铁（mg/kg）	3.0～248.8	59.0	71.1	0.260**	3.8～150.7	19.4	80.4	0.294**
交换态锰（mg/kg）	0.08～54.78	3.33	157.7	0.033	0.05～50.74	2.54	241.2	−0.014
易还原锰（mg/kg）	0.9～216.1	31.4	129.2	−0.020	1.2～265.4	80.9	62.1	0.162**
水溶态硼（mg/kg）	0.04～3.38	0.47	64.7	0.162**	0.02～1.81	0.51	65.1	0.190**

注：1. X为平均值，CV为变异系数，r为有机质含量与各项目含量之间的相关系数；2. 样品统计数：柑橘园 n=781，龙眼园 n=315；3. *、** 分别表示相关检验达0.05、0.01 水平。

实践证明，丰产优质的果园均较重视施用有机肥，其主要元素施用量约占全年施用量的一半。作者等根据在丘陵红壤成年柑橘园、柚园及龙眼园进行的长期试验结果，提出氮、磷、钾适宜施肥量中的有机肥约占年施肥量的40%以上，此种有机肥与无机肥配施方案，既可使土壤及叶片养分含量处于正常水平，又可保证高

产、稳产和优质。

值得指出的是，各地正在示范推广有机、无机复合肥，果农普遍反映其效果良好，应积极予以提倡。

2 推广营养诊断 指导平衡施肥

果树平衡施肥是以树体营养元素之间所具有的生理平衡为基础的，根据种植地区的土壤肥力状况、树体需肥规律及肥料效应，提供果树生长发育所需的平衡养分（各元素适宜施用量和合理比例），以达到高产、优质、高效之目的。平衡施肥亦是保持土壤肥力良性循环的重要环节。

实施果树平衡施肥时，必须探明各元素的合理施用量。通常采用养分平衡法或田间试验法来确定适宜施肥量。

养分平衡法系根据斯坦福公式进行计算。即以果树植株吸收量减去土壤供肥量，除以肥料利用率，其计算结果则为植株某元素的施用量。其植株每年各器官生长量所推算出的全年吸收量，可作为确定施肥量的重要依据。以上计算的施肥量为近似值，因为树体养分吸收量、土壤供肥量以及肥料利用率受到土壤、气候、栽培及肥料种类等因素的影响而有所差异。

田间试验法是在一定的环境及栽培条件下，选择代表性土壤，对某品种一定树龄的植株进行定位田间施肥量试验，然后确定其适宜施肥量。此类试验研究工作量较大、需时较长，但所得结果针对性和实用性强，便于生产上推广应用。例如，闽南丘陵地柑橘园，在 667 m^2 产 2.5～3.0 t 条件下，推荐施 N 25～40kg，其 N：P_2O_5：K_2O为 1.0：（0.4～0.5）：（0.8～1.0）；福建省丘陵地蜜柚园，667m^2 产 2.5～3.5 t 时，推荐施 N 34kg，其 N：P_2O_5：K_2O：CaO：MgO 为 1.0：0.66：0.91：1.0：0.28；福建省丘陵地龙眼园，667m^2 产 1t 时，推荐施 N 20～25kg，其 N：P_2O_5：K_2O：CaO：MgO为 1.0：（0.5～0.6）：（1.0～1.1）：0.8：0.4。

值得指出的是，当前多数产区的施肥仍采用传统经验，实施营养诊断指导施肥的为数尚少。因此，许多地区不同程度地发生营养失调问题，诸如果园大面积出现缺硼、镁、锌、锰等，局部果园发生过量硼、铜、钾、磷等，由此导致产量及品质明显下降。长期实践证明，以叶片分析为基本手段，辅以土壤分析等方法，对照已建立的叶片及土壤营养诊断标准，则可对果树营养状况进行判断，并指导制定合理的施肥方案。作者等经多年广泛调查研究，以柑橘为例提出了营养诊断标准（表2、表3）（庄伊美，1997）。

表2 柑橘若干品种叶片营养元素含量的适宜标准

元 素	椪柑	琯溪蜜柚	柳橙改良橙伏令夏橙	巴林脐橙
N（%）	2.9~3.5（2.7~3.3）	2.5~3.1	2.5~3.3	2.8~3.3
P（%）	0.12~0.16（0.12~0.15）	0.14~0.18	0.12~0.18	0.14~0.18
K（%）	1.0~1.7（1.0~1.8）	1.4~2.2	1.0~2.0	1.4~2.1
Ca（%）	2.5~3.7（2.3~2.7）	2.0~3.8	2.0~3.5	2.0~4.0
Mg（%）	0.25~0.50（0.25~0.38）	0.32~0.47	0.22~0.40	0.25~0.45
B（mg/kg）	20~60	15~50	25~100	25~100
Fe（mg/kg）	50~140	60~140	90~160	50~160
Mn（mg/kg）	20~150	15~140	20~100	20~100
Zn（mg/kg）	20~50	24~44	25~70	20~50
Cu（mg/kg）	4~16	8~17	4~18	5~18

注：采叶期8~9月，采集营养性春梢顶部第3叶；椪柑栏内数值指枳砧椪柑，括号内指乔砧椪柑。

表3 柑橘园土壤营养元素含量的适宜标准

元 素	适宜标准	元 素	适宜标准
有机质（%）	1.0~3.0	有效锌（mg/kg）	2~8
全氮（%）	0.10~0.15	代换性锰（mg/kg）	3~7
碱解氮（mg/kg）	100~200	易还原性锰（mg/kg）	100~200

（续）

元　素	适宜标准	元　素	适宜标准
有效磷（mg/kg）	10～40	有效铜（mg/kg）	2～6
速效钾（mg/kg）	100～300	水溶性硼（mg/kg）	0.50～1.00
代换性钙（mg/kg）	500～2 000	有效钼（mg/kg）	0.15～0.30
代换性镁（mg/kg）	80～125		
有效铁（mg/kg）	20～100		

注：采样位置系株间树冠滴水线附近的土壤耕作层（0～40cm）。

　　在矫治营养失调之前，可依营养诊断（叶片、土壤分析等）探明其原因，然后采取相应措施。树体营养元素缺乏，除土壤有效养分含量不足外，还可能存在其他限制因素（如某些元素施用过量引致的颉颃作用，以及土壤反应、氧化还原电位、水分状况等）。若属前者，可直接采取土壤施肥或根外喷肥加以补充；若属后者，则应有针对性地解决土壤中存在的限制因素，例如暂停施用某种（些）营养元素，调整土壤酸碱度，改善土壤水分管理等。而在树体营养元素过量时，如查明是某元素施用过量，则应降低其施用量或改换肥料种类（合理选用酸性、中性或碱性肥料）等措施；如因土壤其他性状（pH、水分等）造成，亦需改善土壤环境，以避免发生元素对树体的毒害。

　　必须指出，当今我国的果树栽培正处于从传统施肥技术向现代化施肥技术过渡的阶段，因此，积极研制、推广适合于各地树种的专用复合肥颇具现实意义。此类专用复合肥包括多种营养元素配合较为合理的有机及无机复合肥、大量元素及微量元素复合肥等。研制专用复合肥时，必须明了各地的土壤肥力状况、各种果树（种、品种）的需肥特点以及肥料效应，从而提高复合肥的适用性。生产实践证明，施用不同类型的果树专用复合肥，不仅能提高肥料利用率，保证元素间生理平衡，改善土壤肥力状况，而且有利于果树的优质高产。

3 调节红壤果园土壤酸度

华南地区红壤，由于成土过程中脱硅富铝化和盐基淋溶作用较为强烈，因此，土壤的盐基不饱和并呈酸性反应。大量的调查研究表明，丘陵山地红壤果园土壤酸度多处于强酸性至弱酸性范围（pH 4.5～6.5）。土壤反应可以影响到土壤肥力、微生物活性以及树体生长发育等。就土壤养分有效性而言，亦直接受到土壤反应的制约。作者等经多年对福建省南亚热带地区的主栽果树进行广泛的土壤调查分析，证实土壤 pH 与土壤有效养分含量之间存在一定的相关性（庄伊美，1994，2000）。因此，土壤反应亦可能对果树生产性能产生影响。据分析，柑橘、龙眼、荔枝（各种果树土样 $n=120$）在土壤 pH 3.60～8.76 范围内（表4），土壤 pH 与代换态锰、有效态铁含量之间，一致或基本一致呈显著或极显著负相关（$r=-0.230^* \sim -0.487^{**}$）；相反，土壤 pH 与代换态钙、镁含量之间，一致或基本一致呈极显著正相关（$r=0.477^{**} \sim 0.845^{**}$），亦与有效态钼含量间呈较显著或显著正相关（$r=0.152^+ \sim 0.190^*$）。上述土壤 pH 与土壤元素有效含量的相关性符合一般规律。然而有的元素（铜、锌、硼）有效含量与土壤 pH 的相关性未见明显规律，此或与土壤其他因素的影响有关。

表4 亚热带果园土壤 pH 与有效养分含量的相关性

果园种类	pH	土壤 pH 与有效养分含量的相关系数（r）				
		代换态 Mn	易还原态 Mn	水溶态 B	有效态 Cu	有效态 Zn
柑橘园	3.60～8.00	-0.487^{**}	0.139	-0.128	-0.356^{**}	0.255^{**}
龙眼园	4.85～7.20	-0.446^{**}	0.491^{**}	0.329^{**}	0.077	0.333^{**}
荔枝园	4.54～8.76	-0.298^{**}	0.029	-0.194^*	0.010	0.060

（续）

果园种类	pH	土壤pH与有效养分含量的相关系数（r）			
		有效态 Mo	有效态 Fe	代换态 Ca	代换态 Mg
柑橘园	3.60～8.00	0.170*	−0.230*	0.735**	0.722**
龙眼园	4.85～7.20	0.190*	0.015	0.747**	0.477**
荔枝园	4.54～8.76	0.152*	−0.338**	0.845**	0.052

注：$r_{0.1}^*$=0.149 6，$r_{0.05}^*$=0.177 8，$r_{0.01}^{**}$=0.232 4；各类果园土样 n=120。

基于上述红壤果园土壤酸性较强，而且土壤 pH 与养分有效性明显相关，通常土壤中许多养分（尤其是大量元素）以接近中性反应时的有效性较强；当土壤呈强酸性反应时，有些元素（钙、镁、磷、钼等）常发生缺乏，有的元素（铝、锰等）则易出现毒害。作者等的研究表明，柑橘园土壤 pH 适宜范围为 5.0～6.5。但从近年对福建省 10 个县（市）柑橘园的调查分析看，约占一半（46%）的园地土壤呈强酸性反应（pH<5.0）。因此，从提高土壤养分有效性而言，适当调整土壤 pH 于较适范围仍属必要。也已证明，酸性土壤的园地，合理施用石灰对改善土壤物理、化学、生物等一系列性状，提高土壤 pH，消除有毒物质，增加土壤有效养分及钙素营养，减少病害等，均有明显作用；因此，对改善果树生长发育的土壤环境，提高果树产量和果实品质能收到良好的效果。

4 推行果园土壤覆盖制度

从红壤果园土壤培肥的角度看，积极推行园地土壤覆盖制度具有重要作用。其中以"活物"覆盖为主，"死物"覆盖为辅。实行果园土壤覆盖有利于土壤物理、化学、生物等性状的改善，提高土壤肥力，防止水土冲刷，明显促进果园生态的良性循环。

4.1 "活物"覆盖

指人工种植或自然生长的覆盖植物。包括以下两类。

表 5　果园垦后轮作覆盖 3 年与未垦地土壤化学性状比较

处理	土层(cm)	有机质(%)	全氮(%)	C/N	pH	盐基代换量(100g)(me)	水解酸度(100g)(me)	NH4(mg/kg)	NO3(mg/kg)	P2O5(mg/kg)	K2O(mg/kg)
未垦地	0~20	1.268	0.039	18.20	5.55	9.08	1.42	1.83	2.7	8.5	67.9
	20~40	0.871	0.034	16.76	5.38	8.75	1.09	1.33	1.3	9.1	48.7
覆盖	0~20	1.842	0.091	11.72	6.62	19.37	0.52	3.45	8.3	41.8	69.2
	20~40	1.368	0.062	12.09	6.61	15.07	0.49	3.07	8.8	23.7	58.8

表 6　果园垦后轮作覆盖 3 年与未垦地土壤物理性状比较

处理	土层(cm)	机械组成 <0.01mm	>0.01mm	容重(g/cm³)	孔隙度(%) 总孔隙	非毛管孔隙	毛管孔隙	>0.25mm团聚体组成 干团聚体(%)	水稳性团聚体(%)	干/水(团聚体)	透水速度(mm/min) 初速	均速	稳速
未垦地	0~20	36.20	63.80	1.464	44.06	12.09	87.93	98.0	18.2	5.38	7.0	1.55	1.28
	20~40	38.87	61.13	1.528	42.05	13.00	87.00	97.8	20.1	4.87			
覆盖	0~20	41.76	58.24	1.435	45.86	29.72	70.28	95.1	21.6	4.40	16.0	2.70	2.5
	20~40	44.34	55.66	1.455	44.69	26.33	73.67	95.5	25.0	3.80			

注：透水速度测 0~12cm 土层。

4.1.1　间作覆盖法

利用果园间隙种植绿肥或其他作物。众多的试验研究和生产实践证明，丘陵山地果园种植绿肥对提高土壤肥力颇为有效。通常，每 $667m^2$ 绿肥可产鲜茎叶 $1\,500\sim2\,000kg$，大量增加土壤有机质和矿质养分（每 $667m^2$ 提供有机质 $225\sim300$ kg，N $7.5\sim10.0kg$，P_2O_5 $1.8\sim2.4kg$，K_2O $5.3\sim7.0kg$）。值得指出的是，豆科绿肥的总氮量大约 2/3 是由共生根瘤菌固定空气中的氮素而来的。

果园种植的绿肥以豆科植物为主，非豆科植物为次，包括一年生或多年生绿肥。通常，绿肥割埋处理多在其盛花前后，采取直接深埋（30cm 以上）、压青的办法，亦可作家畜饲料后利用其厩肥。许多地区幼龄果园间作有经济收益的作物（如花生、大豆、绿豆、豌豆等），对改良土壤亦属有效。但需强调，这些作物收获后，应将秸秆埋入土中以培肥土壤。作者等的试验表明，在新开垦丘陵红壤果园连续 3 年种植豆科绿肥（印度豇豆、豌豆）为主的覆盖作物，并结合茎蔓翻埋入土，园地土壤明显改良（表5、表6）。表5表明，轮作覆盖 3 年的土壤有机质成分、土壤酸度、代换性能及速效养分，均比未开垦地有不同程度的改善，尤其是土壤有机质、全氮含量提高更明显，C/N 显著变小，土壤盐基代换量轮作覆盖后上升 1 倍；种植覆盖作物后，土壤 pH 提高，同时增强土壤养分的有效性，特别是有效磷含量增加。

土壤有机质含量明显增加，使土壤结构趋向良好。从表6可见，水稳性团聚体含量有所增加，且降低干团聚体与水稳性团聚体的比例。同时，提高非毛细管孔隙的数量，此对改善园地土壤的通气性和渗透性颇有作用；土壤水分渗吸速度的增加，对丘陵地红壤的水土保持亦有良好的效果。

4.1.2　自然生草法或人工种草法

采用自然生草或人工种草以覆盖果园地面，并在适当时期割草施入土中或任其自然枯萎（亦可用除草剂）。为避免自然生草与果树争夺水肥，可在果树生长旺盛期抑制草的生长；或选择能在果树生长旺盛期迅速枯萎的草种。生产实践中多采用春夏自然生草，7

月除草覆盖的办法。人工种草，可在果园空隙地（除树盘外）播种豆科和禾本科等草种。

4.2 "死物"覆盖

指利用草秆、枝叶、渣屑或地膜等材料覆盖果园地面。以园地覆草为主，尤其是树盘局部覆盖较为普遍，覆盖厚度 15～20cm。"死物"覆盖可保持土壤水分、稳定地温、抑制杂草、防止冲刷，且有利于土壤微生物活动、繁育，提高土壤有机和无机养分含量。

参 考 文 献

李来荣，庄伊美.1988.亚热带果园土壤及果树营养研究［M］.福州：福建科学技术出版社：113-120.

庄伊美.1991.试论亚热带红壤果园土壤改良熟化［J］.热带地理，11（4）：320-327.

庄伊美.1994.龙眼、荔枝施肥［M］//何电源.中国南方土壤肥力与栽培植物施肥.北京：科学出版社：495-500.

庄伊美.1997.柑橘营养与施肥［M］.北京：中国农业出版社：200-215，270-281.

庄伊美.2000.福建亚热带果园土壤改良熟化与合理施肥［M］//邱武凌.福建果树50年.福州：福建教育出版社：144-170.

图书在版编目（CIP）数据

荔枝　龙眼　枇杷　杧果营养与施肥/庄伊美主编
．—北京：中国农业出版社，2015.9（2019.7重印）
ISBN 978-7-109-20897-1

Ⅰ．①荔…　Ⅱ．①庄…　Ⅲ．①热带及亚热带果－植物
营养②热带及亚热带果－施肥　Ⅳ．①S667.06

中国版本图书馆 CIP 数据核字（2015）第 211825 号

中国农业出版社出版
（北京市朝阳区麦子店街 18 号楼）
（邮政编码 100125）
责任编辑　阎莎莎　王　凯

中农印务有限公司印刷　新华书店北京发行所发行
2015 年 9 月第 1 版　2019 年 7 月北京第 3 次印刷

开本：880mm×1230mm　1/32　印张：5.375
字数：150 千字
定价：20.00 元
（凡本版图书出现印刷、装订错误，请向出版社发行部调换）